JN320372

リメディアル

大学の基礎数学

小寺平治 著

東京 裳華房 発行

BASIC MATHEMATICS

for

DEVELOPMENTAL EDUCATION

by

KODERA HEIJI

SHOKABO

TOKYO

まえがき

　この本は，大学における基礎数学の超入門書です．

　高校数学も，カリキュラムの多様化によって，必ずしも大学数学にスムースに接続するとは言い切れません．

　準備運動なしのスポーツは考えられません．野球はキャッチボールから，剣道なら素振りの練習からといいますよね．

　この本で，大学数学（とくに微積分そして線形代数）を学ぶとき，**これだけはぜひ・これだけやれば**，というミニマル・エッセンスを身につけて下さい．コーチの先生のご指導があれば何よりです．

　各項目を，諸君の身になって**よく分かるように**解説しました．

　問題数はそれほど多くはありませんが，例題で各項目の意味を確認して下さい．例題そっくりの類題で再確認すれば万全です．

　本格的な大学数学を楽しめるアナタに，大学数学の授業が待ちどおしいキミになっているハズです．

　裳華房編集部の細木周治さんは，今回も，企画・編集・出版をともに歩んで下さいました．心よりお礼申し上げます．

　　2009 年 9 月

小寺　平治

目　次

第1章　式計算のポイント
§1　多項式の計算　　　　　　2
§2　分数式・無理式　　　　　12
§3　方程式・不等式　　　　　18

第2章　いろいろな関数
§4　やさしい関数　　　　　　30
§5　指数関数・対数関数　　　42
§6　三角関数　　　　　　　　56

第3章　数列・関数の極限
§7　数列・級数　　　　　　　76
§8　関数の極限値　　　　　　96
§9　微分積分第一歩　　　　　106

類題の略解または答え　　　　122
補充問題の略解または答え　　130
索　引　　　　　　　　　　　138

第1章

式計算のポイント

　どんなにすばらしいアイディアがあっても，それを実行する計算力が伴わなければ，そのアイディアを活かし問題解決にまで到達することはできない．

　本章では，**これだけはぜひ**，という式計算のポイントを身につけよう．

　このとき，大切なのは，実際に，
　　　　エンピツをもって書いてみる
ことだ．目だけで読んでオシマイというのでは，学習効果は半減する．

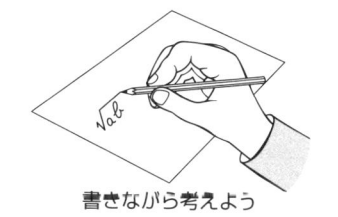

書きながら考えよう

§1　多項式の計算 ……… 2
§2　分数式・無理式 …… 12
§3　方程式・不等式 …… 18

§1 多項式の計算

はじめに,「数」について復習しておこう.

● 自然数
個数を表わしたり,順番を表わすのに用いる.
0(ゼロ)を自然数に含めることもある.

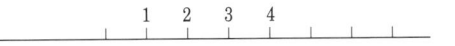

● 整数
整数には,0(ゼロ)や負数(マイナス)が入っているので,

$$整数 + 整数 = 整数, \quad 整数 - 整数 = 整数$$

のように,整数の範囲では,加法・減法が自由にできる.

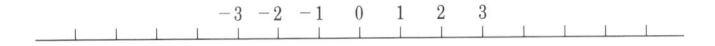

● 有理数

$$\frac{5}{8} = 0.625 \qquad （有限小数）$$

$$\frac{38}{110} = 0.3454545\cdots\cdots \qquad （循環小数） \qquad \blacktriangleleft 0.3\dot{4}\dot{5} \text{ とかく}$$

のような,$\dfrac{整数}{整数}$ の形で表わされる数を**有理数**という. $\blacktriangleleft$ 分母 $\neq 0$

有理数は,**有限小数**か**循環小数**になる.

§1 多項式の計算

有理数の範囲では，加減乗除が自由にできる．

● 無理数

数直線上に，有理数は密集している．しかし，まだスキ間がある．スキ間を埋める数すなわち，**循環しない無限小数**を**無理数**とよぶ．たとえば，

$$\sqrt{2} = 1.414213562373095\cdots\cdots$$

$$\pi = 3.141592653589793\cdots\cdots$$

などの他に，次も，循環しない無限小数である：

$$0.4040040004000040\cdots\cdots$$

● 実　数

有理数と無理数を合わせて，**実数**とよぶ．これで**数直線は満員**になる．

―――――――――|―――――――――
　　　　　　　　0

整数・分数の計算

[**例**] 次の計算をせよ．

(1) $(-3)^2 \times (7-(-2)^2) - 12 \div (-6)$

(2) $\dfrac{3}{5} - \left(-\dfrac{2}{3}\right) \div \dfrac{5}{6} \times \left(-\dfrac{1}{8}\right)$

解 右のルールにしたがって計算する．

(1) $(-3)^2 \times (7-(-2)^2) - 12 \div (-6)$

$= 9 \times (7-4) - (-2)$

$= 9 \times 3 - (-2)$

$= 27 + 2$

$= 29$

(2) $\dfrac{3}{5} - \left(-\dfrac{2}{3}\right) \div \dfrac{5}{6} \times \left(-\dfrac{1}{8}\right)$

$= \dfrac{3}{5} - \left(-\dfrac{2}{3}\right) \times \dfrac{6}{5} \times \left(-\dfrac{1}{8}\right)$

―― How to ――
四則計算
● カッコの中を先に，
● ×, ÷ を先に計算
　+, − は後で計算

◀ $\square \div \dfrac{b}{a} = \square \times \dfrac{a}{b}$

$$= \frac{3}{5} - \frac{1}{10}$$
$$= \frac{6}{10} - \frac{1}{10} = \frac{5}{10} = \frac{1}{2}$$

◀ $\frac{b}{a} \times \frac{d}{c} = \frac{bd}{ac}$

多項式の乗法

多項式の乗法(掛け算)は，たとえば，次のような展開が基本：

$$\begin{array}{r} ax + b \\ \times \ cx + d \\ \hline acx^2 + bcx \\ + adx + bd \\ \hline acx^2 + (ad+bc)x + bd \end{array}$$

$(ax+b)(cx+d)$
$= acx^2 + bcx + adx + bd$
$= acx^2 + (ad+bc)x + bd$

▶ **注** これらを，図示すれば，右のようである．

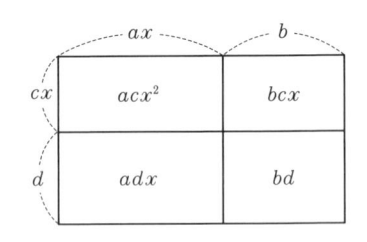

しばしば現われる形については，公式として，結果を利用する．

- $(a \pm b)^2 = a^2 \pm 2ab + b^2$ （複号同順）
- $(a \pm b)^3 = a^3 \pm 3a^2b + 3ab^2 \pm b^3$ （複号同順）
- $(a - b)(a + b) = a^2 - b^2$
- $(a + b + c)^2 = a^2 + b^2 + c^2 + 2(bc + ca + ab)$

展開公式

▶ **注** 複号同順とは，次の二つの式を，一つにまとめたものである：
$$(a+b)^2 = a^2 + 2ab + b^2$$
$$(a-b)^2 = a^2 - 2ab + b^2$$

複数の符号は，上は上に，下は下に，**同じ順**に対応，という意味．

[**例**] 次の式を展開せよ．

（1） $(3x+5y)(2x-3y)$

（2） $(4x+7y)^2$

（3） $(x+2y)^3$

（4） $(3x-4y)(3x+4y)$

（5） $(x-y+3z)^2$

解 (1)は，正直に展開．(2)～(5)は，公式を利用する．

（1） $(3x+5y)(2x-3y)$
$= (3x)(2x)+(5y)(2x)$
$\qquad +(3x)(-3y)+(5y)(-3y)$
$= 6x^2+10xy-9xy-15y^2$
$= 6x^2+xy-15y^2$ ◀ この形にまとめる

（2） $(4x+7y)^2 = (4x)^2+2(4x)(7y)+(7y)^2$
$\qquad\qquad = 16x^2+56xy+49y^2$

（3） $(x+2y)^3 = x^3+3x^2(2y)+3x(2y)^2+(2y)^3$
$\qquad\qquad = x^3+6x^2y+12xy^2+8y^3$

（4） $(3x-4y)(3x+4y) = (3x)^2-(4y)^2 = 9x^2-16y^2$

（5） $(x-y+3z)^2 = x^2+(-y)^2+(3z)^2$
$\qquad\qquad +2((-y)(3z)+(3z)x+x(-y))$
$\qquad = x^2+y^2+9z^2-6yz+6zx-2xy$

Advice

式は形だ

$(a+b)^3 = a^3+3a^2b+3ab^2+b^3$ （公式）

の a, b は，文字や文字式を代入する場所と考える：

$(\square+(\ ))^3 = \square^3+3\square^2(\ )+3\square(\ )^2+(\ )^3$

大切なのは文字の名称でなく，式の形．

多項式の除法

x の多項式 $A(x)$, $B(x)$ を,次数の高い順に**整理してから**,整数の除法と同様に行う.たとえば,
$$A(x) = 6x^3 + x^2 - 9x + 7, \quad B(x) = 2x^2 + 3x - 1$$
のとき,$A(x) \div B(x)$ は,

$$
\begin{array}{r}
3x - 4 \\
2x^2+3x-1 \overline{\smash{\big)}\, 6x^3 + x^2 - 9x + 7} \\
\underline{6x^3 + 9x^2 - 3x} \\
-8x^2 - 6x + 7 \\
\underline{-8x^2 - 12x + 4} \\
6x + 3
\end{array}
$$

余りの次数が,$B(x)$ の次数より低くなったら計算終了.
上の計算から,
$$6x^3 + x^2 - 9x + 7 = (2x^2 + 3x - 1)(3x - 4) + (6x + 3)$$
一般には,

> 多項式 $A(x)$ を $B(x)$ で割った商を $Q(x)$,余りを $R(x)$ とすると,
> $$A(x) = B(x)Q(x) + R(x) \quad (R \text{ の次数} < B \text{ の次数})$$

除法の原理

いま,多項式 $P(x)$ を,1 次式 $x - \alpha$ で割った商を $Q(x)$,余りを R とすれば,
$$P(x) = (x - \alpha)Q(x) + R$$
この等式で,とくに,$x = \alpha$ とおけば,
$$P(\alpha) = (\alpha - \alpha)Q(\alpha) + R$$
$$\therefore \quad R = P(\alpha)$$
この事実を**余りの定理**(**剰余の定理**)という:

§1 多項式の計算

> 多項式 $P(x)$ を，$x-\alpha$ で割った余りは，多項式 $P(x)$ の x に α を代入して得られる値 $P(\alpha)$ に等しい．

◀ 余りの定理

[例]　(1)　x^3-3x^2+2x-5 を，$x-4$ で割った余りを求めよ．
　　　(2)　$x^2-3x-10$ を，$x+2$ で割った余りを求めよ．

解　(1)　　　$P(x) = x^3-3x^2+2x-5$

とおく．求める余りは，

$$P(4) = 4^3 - 3\cdot 4^2 + 2\cdot 4 - 5 = 19$$

(2)　　　$P(x) = x^2-3x-10$

とおく．求める余りは，

$$P(-2) = (-2)^2 - 3\cdot(-2) - 10$$
$$= 4 + 6 - 10 = 0$$

◀ $P(2)$ ではない

「割り切れる $\iff$ 余り $= 0$」だから，

> $x-\alpha$ は，多項式 $P(x)$ の因数 $\iff P(\alpha) = 0$

◀ 因数定理

この定理は，次で扱う因数分解に利用される．

因数分解

多項式を，いくつかの多項式の積に分解することを，**因数分解**という．ちなみに，文字式では，約数のことを因数ということがある．

2次式の因数分解は，次が基本：

$$acx^2 + (ad+bc)x + bd$$
$$= (ax+b)(cx+d)$$

$$\begin{array}{ccc} a & b & \longrightarrow & bc \\ c & d & \longrightarrow & ad \\ \hline & & & ad+bc \end{array}$$

x^2 の係数，定数項を，二つの約数の積にして，「たすきがけ」の結果が，1次の項の係数になるようにいろいろ試してみる．

この他の2次式の因数分解は，この「たすきがけ」の特殊型 (special case) になっている．

[例] 次の式を因数分解せよ.

(1) $6x^2 + 7x + 2$

(2) $6x^2 + 7x - 10$

(3) $x^2 + (a+b)x + ab$

(4) $x^2 - a^2$

解 「たすきがけ」を試みる.

(1) $\quad 6x^2 + 7x + 2$
   $= (3x+2)(2x+1)$

$$\begin{array}{cccccc} 3 & 2 & \longrightarrow & 4 & \Longrightarrow & 3x+2 \\ 2 & 1 & \longrightarrow & 3 & \Longrightarrow & 2x+1 \\ \hline & & & 7 & & \end{array}$$

(2) $\quad 6x^2 + 7x - 10$
   $= (x+2)(6x-5)$

$$\begin{array}{cccccc} 1 & 2 & \longrightarrow & 12 & \Longrightarrow & x+2 \\ 6 & -5 & \longrightarrow & -5 & \Longrightarrow & 6x-5 \\ \hline & & & 7 & & \end{array}$$

(3) $\quad x^2 + (a+b)x + ab$
   $= (x+a)(x+b)$

$$\begin{array}{cccccc} 1 & a & \longrightarrow & a & \Longrightarrow & x+a \\ 1 & b & \longrightarrow & b & \Longrightarrow & x+b \\ \hline & & & a+b & & \end{array}$$

(4) $\quad x^2 - a^2$
   $= (x-a)(x+a)$

$$\begin{array}{cccccc} 1 & -a & \longrightarrow & -a & \Longrightarrow & x-a \\ 1 & a & \longrightarrow & a & \Longrightarrow & x+a \\ \hline & & & 0 & & \end{array}$$

3次以上の多項式の因数分解は，因数定理の利用が基本.

[例] $x^3 + 2x^2 - 5x - 6$ を因数分解せよ.

解 $\quad P(x) = x^3 + 2x^2 - 5x - 6$

とおき，定数項 -6 の約数

$$\pm 1, \quad \pm 2, \quad \pm 3, \quad \pm 6 \qquad \text{◀ 正負両方考える}$$

を，順次 $P(x)$ へ代入する．すると，幸いにも，

$$P(-1) = (-1)^3 + 2(-1)^2 - 5(-1) - 6$$
$$= -1 + 2 + 5 - 6 = 0$$

となるので，

$$x - (-1) \quad \text{すなわち} \quad x+1$$

は，$P(x)$ の約数．

したがって，具体的に割算して，
$$x^3 + 2x^2 - 5x - 6$$
$$= (x+1)(x^2 + x - 6)$$
2次式 $x^2 + x - 6$ を「たすきがけ」により因数分解して，
$$x^3 + 2x^2 - 5x - 6$$
$$= (x+1)(x-2)(x+3)$$

```
              x² +  x - 6
         ┌─────────────────
   x + 1 ) x³ + 2x² - 5x - 6
           x³ +  x²
         ─────────
                x² - 5x
                x² +  x
              ─────────
                    -6x - 6
                    -6x - 6
                  ─────────
                          0
```

次の公式は，有名有用である：

- $a^2 - b^2 = (a-b)(a+b)$
- $a^3 \pm b^3 = (a \pm b)(a^2 \mp ab + b^2)$ （複号同順）

平方差・立方和(差)

[例] 次の式を因数分解せよ．

(1) $9x^2 - 4y^2$

(2) $8x^3 + 27y^3$

(3) $8x^3 - 27y^3$

解 上の公式にキチンとあてはめる．

(1) $9x^2 - 4y^2 = (3x)^2 - (2y)^2$
$$= (3x - 2y)(3x + 2y)$$

(2) $8x^3 + 27y^3 = (2x)^3 + (3y)^3$
$$= (2x + 3y)((2x)^2 - (2x)(3y) + (3y)^2)$$
$$= (2x + 3y)(4x^2 - 6xy + 9y^2)$$

(3) $8x^3 - 27y^3 = (2x)^3 - (3y)^3$
$$= (2x - 3y)((2x)^2 + (2x)(3y) + (3y)^2)$$
$$= (2x - 3y)(4x^2 + 6xy + 9y^2)$$

━━━ 例題 1.1 ━━━━━━━━━━━━━━━━━━━━━ 多項式の計算 ━━━

［1］ 次の式を展開せよ．

(1) $(3x-5y)(4x+7y)$ (2) $(x-2)(x-3)(x-4)$

(3) $(2a-3b)^3$

［2］ 次の式を因数分解せよ．

(1) $15x^2+14x-8$ (2) a^4-16

(3) x^3+2x^2-x+6 (4) $27a^3-64b^3$

【解】 ［1］ (1), (2) は，ふつうに展開．(3) は，公式を利用．

(1) $(3x-5y)(4x+7y)$

$\quad = 12x^2 - 20xy + 21xy - 35y^2$
$\quad = 12x^2 + xy - 35y^2$

$$\begin{array}{r} 3x - 5y \\ 4x + 7y \\ \hline 12x^2 - 20xy \\ 21xy - 35y^2 \\ \hline 12x^2 + xy - 35y^2 \end{array}$$

(2) $(x-2)(x-3)(x-4)$

$\quad = (x^2 - 5x + 6)(x - 4)$ ◀ まず，前の二式を掛ける

$\quad = x^3 - 5x^2 + 6x$
$\qquad - 4x^2 + 20x - 24$
$\quad = x^3 - 9x^2 + 26x - 24$

(3) $(2a-3b)^3$

$\quad = (2a)^3 - 3(2a)^2(3b) + 3(2a)(3b)^2 - (3b)^3$
$\quad = 8a^3 - 36a^2b + 54ab^2 - 27b^3$

［2］ (1) たすきがけ (2) 平方差の公式
　　　(3) 因数定理 (4) 立方差の公式

(1) $15x^2 + 14x - 8$
$\quad = (5x-2)(3x+4)$

$$\begin{array}{rcl} 5 \quad -2 & \longrightarrow & -6 \quad \Longrightarrow \quad 5x - 2 \\ 3 \quad 4 & \longrightarrow & 20 \quad \Longrightarrow \quad 3x + 4 \\ \hline & & 14 \end{array}$$

（2） $a^4 - 16 = (a^2)^2 - 4^2$ ◀ $\triangle^2 - \square^2 = (\triangle - \square)(\triangle + \square)$
$= (a^2 - 4)(a^2 + 4)$
$= (a - 2)(a + 2)(a^2 + 4)$

（3） $$P(x) = x^3 + 2x^2 - x + 6$$

とおき，定数項 6 の約数 $\pm 1, \pm 2, \pm 3, \pm 6$ を，順次 $P(x)$ へ代入．
$$P(-3) = (-3)^3 + 2(-3)^2 - (-3) + 6$$
$$= -27 + 18 + 3 + 6 = 0$$

よって，$x - (-3)$ すなわち $x + 3$ は，$P(x)$ の約数．
具体的に割り算を実行して，
$$x^3 + 2x^2 - x + 6 = (x + 3)(x^2 - x + 2)$$

（4） $27a^3 - 64b^3 = (3a)^3 - (4b)^3$
$= (3a - 4b)((3a)^2 + (3a)(4b) + (4b)^2)$
$= (3a - 4b)(9a^2 + 12ab + 16b^2)$

Remark

$a^3 - b^3 = (a - b)(a^2 + \underline{ab} + b^2)$
          └ $2ab$ ではない！

######## 類題 1.1 ########

［1］ 次の式を展開せよ．
 （1） $(2x + 5y)(3x - 4y)$ （2） $(x + 1)(x - 2)(x + 3)$
 （3） $(3a + 2b)^3$

［2］ 次の式を因数分解せよ．
 （1） $6x^2 - 11x - 10$ （2） $a^4 - 81$
 （3） $x^3 - x^2 - x - 2$ （4） $8a^3 + 27b^3$

§2 分数式・無理式

分数式の計算

[例] 次の分数式 P を簡単にせよ．

(1) $\dfrac{x^2-4x}{x^2-5x+6} \times \dfrac{x-3}{x-4}$　　(2) $\dfrac{\dfrac{x^2-9}{x^2-6x+9}}{\dfrac{x+3}{x^2-4x+3}}$

解 分母・分子を因数分解した後，約分する．

(1) $P = \dfrac{x^2-4x}{x^2-5x+6} \times \dfrac{x-3}{x-4} = \dfrac{x(x-4)}{(x-2)(x-3)} \times \dfrac{x-3}{x-4}$

$$= \dfrac{x}{x-2}$$

(2) 分母・分子を因数分解する前に，

$P = \dfrac{x^2-9}{x^2-6x+9} \div \dfrac{x+3}{x^2-4x+3}$ 　　◀ $\dfrac{Y}{X} = Y \div X$

$= \dfrac{x^2-9}{x^2-6x+9} \times \dfrac{x^2-4x+3}{x+3}$ 　　◀ $\square \div \dfrac{B}{A} = \square \times \dfrac{A}{B}$

$= \dfrac{(x-3)(x+3)}{(x-3)^2} \times \dfrac{(x-1)(x-3)}{x+3}$

$= x-1$

[例] (1) $\dfrac{5}{x+2} - \dfrac{4}{x+3}$ を通分せよ．

(2) 次の等式を満たす定数 A, B を求めよ：

$$\dfrac{x-5}{(x-1)(x-2)} = \dfrac{A}{x-1} + \dfrac{B}{x-2}$$

解 (1), (2) は，互いに逆の問題．

(1) $\dfrac{5}{x+2} - \dfrac{4}{x+3} = \dfrac{5(x+3)-4(x+2)}{(x+2)(x+3)}$

$$= \dfrac{x+7}{(x+2)(x+3)}$$

（2） $\dfrac{A}{x-1} + \dfrac{B}{x-2} = \dfrac{A(x-2)+B(x-1)}{(x-1)(x-2)}$

$\phantom{（2） \dfrac{A}{x-1} + \dfrac{B}{x-2}} = \dfrac{(A+B)x-(2A+B)}{(x-1)(x-2)}$

したがって，

$$\dfrac{x-5}{(x-1)(x-2)} = \dfrac{(A+B)x-(2A+B)}{(x-1)(x-2)}$$

両辺の分子の各項の係数が一致することから，

$$\begin{cases} A+B=1 \\ -(2A+B)=-5 \end{cases} \therefore \begin{cases} A=4 \\ B=-3 \end{cases}$$ ◂ A, B の連立方程式を解く

▶ **注** このとき，

$$\dfrac{x-5}{(x-1)(x-2)} = \dfrac{4}{x-1} - \dfrac{3}{x-2}$$ ◂ 左 ⇒ 右：部分分数分解
◂ 右 ⇒ 左：通分変形

を，**部分分数分解**という．

平方根の計算

2乗して $A (\geqq 0)$ になる数のうち負数（マイナス）でない方を $\sqrt{A}$ とかき，負数の方を $-\sqrt{A}$ とかく．

次の公式が基本になる：

$A>0, B>0$ のとき，

（1） $(\sqrt{A})^2 = A, \sqrt{A^2} = A$

（2） $\sqrt{AB} = \sqrt{A}\sqrt{B}$

（3） $\sqrt{A^2 B} = A\sqrt{B}$

（4） $\sqrt{\dfrac{B}{A}} = \dfrac{\sqrt{B}}{\sqrt{A}}$

平方根の計算

たとえば，

（1） $(\sqrt{5})^2 = 5, \sqrt{16} = \sqrt{4^2} = 4$

（2） $\sqrt{6} = \sqrt{2\times 3} = \sqrt{2}\sqrt{3}$

（3） $\sqrt{18} = \sqrt{3^2 \times 2} = \sqrt{3^2}\sqrt{2} = 3\sqrt{2}$

(4) $\sqrt{\dfrac{2}{3}} = \dfrac{\sqrt{2}}{\sqrt{3}}$

$$\sqrt{\dfrac{2}{3}} = \sqrt{\dfrac{2\times 3}{3\times 3}} = \dfrac{\sqrt{6}}{\sqrt{3^2}} = \dfrac{\sqrt{6}}{3}$$

$$\dfrac{1}{\sqrt{2}} = \dfrac{1}{\sqrt{2}}\cdot\dfrac{\sqrt{2}}{\sqrt{2}} = \dfrac{\sqrt{2}}{2}$$

> **Advice**
> 憶えておこう
> $\sqrt{2} = 1.4142\cdots$
> $\sqrt{3} = 1.7320\cdots$
> $\pi = 3.1415\cdots$

[例] 次の式を簡単にせよ．

(1) $(\sqrt{3}-\sqrt{2})^2 + \sqrt{24}$

(2) $\dfrac{\sqrt{5}-\sqrt{3}}{\sqrt{5}+\sqrt{3}}$

解 (1) 公式 $(a-b)^2 = a^2 - 2ab + b^2$ を利用．

$$(\sqrt{3}-\sqrt{2})^2 + \sqrt{24}$$
$$= (\sqrt{3})^2 - 2\sqrt{3}\sqrt{2} + (\sqrt{2})^2 + \sqrt{2^2\times 6}$$
$$= 3 - 2\sqrt{6} + 2 + 2\sqrt{6}$$
$$= 5$$

(2) 分母・分子に，$\sqrt{5}-\sqrt{3}$ を掛ける． ◀ 分母の有理化

$$\dfrac{\sqrt{5}-\sqrt{3}}{\sqrt{5}+\sqrt{3}} = \dfrac{(\sqrt{5}-\sqrt{3})(\sqrt{5}-\sqrt{3})}{(\sqrt{5}+\sqrt{3})(\sqrt{5}-\sqrt{3})}$$
$$= \dfrac{(\sqrt{5})^2 - 2\sqrt{5}\sqrt{3} + (\sqrt{3})^2}{(\sqrt{5})^2 - (\sqrt{3})^2}$$
$$= \dfrac{5 - 2\sqrt{15} + 3}{5 - 3}$$
$$= 4 - \sqrt{15}$$

[例] 次の式を簡単にせよ．

$$\dfrac{1}{x+\sqrt{1+x^2}}\left(1 + \dfrac{x}{\sqrt{1+x^2}}\right)$$

解 まず，カッコの中味を通分する．

$$\dfrac{1}{x+\sqrt{1+x^2}}\left(1 + \dfrac{x}{\sqrt{1+x^2}}\right) = \dfrac{1}{x+\sqrt{1+x^2}}\cdot\dfrac{\sqrt{1+x^2}+x}{\sqrt{1+x^2}}$$

$$= \frac{1}{\sqrt{1+x^2}}$$

[**例**] 次の式を簡単にせよ．

（1） $\dfrac{1}{x+\sqrt{1+x^2}}$

（2） $\dfrac{1}{x-\sqrt{x^2+x+1}} + \dfrac{1}{x+\sqrt{x^2+x+1}}$

解 （1） 分母の有理化．

$$\frac{1}{x+\sqrt{1+x^2}} = \frac{x-\sqrt{1+x^2}}{(x+\sqrt{1+x^2})(x-\sqrt{1+x^2})}$$

$$= \frac{x-\sqrt{1+x^2}}{x^2-(\sqrt{1+x^2})^2}$$

$$= \frac{x-\sqrt{1+x^2}}{x^2-(1+x^2)} = -x+\sqrt{1+x^2}$$

（2） 第1項・第2項に，分母の有理化を行うのが原則であるが，与えられた式をよく見ると，このまま通分してよいことが分かる．

$$\frac{1}{x-\sqrt{x^2+x+1}} + \frac{1}{x+\sqrt{x^2+x+1}}$$

$$= \frac{x+\sqrt{x^2+x+1} + x-\sqrt{x^2+x+1}}{(x-\sqrt{x^2+x+1})(x+\sqrt{x^2+x+1})}$$

$$= \frac{2x}{x^2-(\sqrt{x^2+x+1})^2}$$

$$= \frac{2x}{x^2-(x^2+x+1)}$$

$$= -\frac{2x}{x+1}$$

━━━ 例題 2.1 ━━━━━━━━━━━━━━━━━━━━━━━━━━━━ 分数式・無理式 ━━━

[1] 次の等式を満たす定数 A, B, C を求めよ．

（1） $\dfrac{x-17}{(x-3)(x-5)} = \dfrac{A}{x-3} + \dfrac{B}{x-5}$

（2） $\dfrac{1}{x^2(x-1)} = \dfrac{A}{x} + \dfrac{B}{x^2} + \dfrac{C}{x-1}$

[2] 次の式を簡単にせよ：

$$\dfrac{x^2}{\sqrt{1+x^2}} + \dfrac{1+\dfrac{x}{\sqrt{1+x^2}}}{x+\sqrt{1+x^2}}$$

【解】 [1] p.13 とは異なる方法で解いてみる．

（1） 与えられた等式の右辺を通分すると，

$$\dfrac{x-17}{(x-3)(x-5)} = \dfrac{A(x-5)+B(x-3)}{(x-3)(x-5)}$$

したがって，

$$x - 17 = A(x-5) + B(x-3) \quad\quad\quad ◀ 分子を比較$$

この等式で，とくに，

$x = 3$ とおけば，

$$-14 = -2A \quad \therefore \quad A = 7 \quad\quad ◀ B が消えた$$

$x = 5$ とおけば，

$$-12 = 2B \quad \therefore \quad B = -6 \quad\quad ◀ A が消えた$$

（2） 与えられた等式の右辺を通分すると，

$$\dfrac{1}{x^2(x-1)} = \dfrac{Ax(x-1)+B(x-1)+Cx^2}{x^2(x-1)}$$

したがって，

$$1 = Ax(x-1) + B(x-1) + Cx^2$$

この等式で，とくに，

$x = 0$ とおけば， $1 = -B$

§2 分数式・無理式　　　　　17

$x = 1$ とおけば、　$1 = C$

$x = 2$ とおけば、　$1 = 2A + B + 4C$

ゆえに、
$$A = -1, \quad B = -1, \quad C = 1$$

[2] まず、第2項を簡単にする。

$$\text{第2項} = \frac{1}{x + \sqrt{1+x^2}}\left(1 + \frac{x}{\sqrt{1+x^2}}\right) \qquad \blacktriangleleft \frac{B}{A} = \frac{1}{A} \times B$$

$$= \frac{1}{x + \sqrt{1+x^2}} \cdot \frac{\sqrt{1+x^2} + x}{\sqrt{1+x^2}} = \frac{1}{\sqrt{1+x^2}}$$

したがって、与えられた式は、

$$\frac{x^2}{\sqrt{1+x^2}} + \frac{1}{\sqrt{1+x^2}} = \frac{x^2 + 1}{\sqrt{1+x^2}} = \sqrt{1+x^2}$$

類題 2.1

[1] 次の等式を満たす定数 A, B, C を求めよ。

(1) $\dfrac{x+2}{(x-2)(x-3)} = \dfrac{A}{x-2} + \dfrac{B}{x-3}$

(2) $\dfrac{5x}{(x-2)(x^2+1)} = \dfrac{A}{x-2} + \dfrac{Bx+C}{x^2+1}$

[2] 次の式を簡単にせよ：

$$\sqrt{1+x^2} + \frac{x^2}{\sqrt{1+x^2}} + \frac{1 + \dfrac{x}{\sqrt{1+x^2}}}{x + \sqrt{1+x^2}}$$

§3 方程式・不等式

連立1次方程式

[例] 次の連立1次方程式を解け．ただし，$ad-bc \neq 0$ とする．

$$\begin{cases} ax + by = p & \cdots\cdots\cdots\cdots ① \\ cx + dy = q & \cdots\cdots\cdots\cdots ② \end{cases}$$

解 加減法で解いてみる． ◀ **加減法**が一番美しい

①×d − ②×b および，①×c − ②×a を作る：

$$\begin{array}{rl} ①\times d : & adx + bdy = dp \\ ②\times b : & bcx + bdy = bq \\ \hline & (ad-bc)x = dp - bq \end{array}$$

$$\begin{array}{rl} ①\times c : & acx + bcy = cp \\ ②\times a : & acx + ady = aq \\ \hline & (bc-ad)y = cp - aq \end{array}$$

以上から，

$$x = \frac{dp-bq}{ad-bc}, \quad y = \frac{aq-cp}{ad-bc}$$

複素数

2次方程式や高次方程式への準備として，複素数にふれておく．
$x^2 = -1$ を満たす x を，i とかいて**虚数単位**という．

$i^2 = -1$
$i^3 = i^2 \cdot i = (-1)i = -i$
$i^4 = (i^2)^2 = (-1)^2 = 1$

さて，

$a + bi \quad (a, b は実数)$

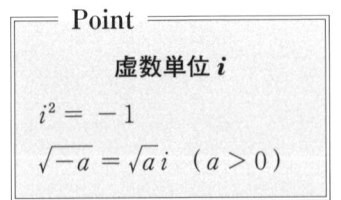

Point
虚数単位 i
$i^2 = -1$
$\sqrt{-a} = \sqrt{a}\,i \quad (a > 0)$

§3 方程式・不等式

という形の数を**複素数**といい，a を**実部**，b を**虚部**という．

複素数の和・差・積は，文字 i の多項式として計算し，i^2 が出てきたら，$i^2 = -1$ とおけばよい．たとえば， ◀新公式を暗記する必要がない

$$(2+5i)+(3+4i) = (2+3)+(5+4)i = 5+9i$$
$$(2+5i)-(3+4i) = (2-3)+(5-4)i = -1+i$$
$$(2+5i)(3+4i) = 6+15i+8i+20i^2$$
$$= 6+15i+8i+20\cdot(-1)$$
$$= -14+23i$$

さて，複素数 $\alpha = a+bi$ (a, b は実数) に対して，$a-bi$ を α の**共役複素数**といい，$\bar{\alpha}$ などとかく： ◀α にバーをつける

$$\bar{\alpha} = a-bi$$

このとき，和・積は，

$$\alpha + \bar{\alpha} = (a+bi)+(a-bi) = 2a$$
$$\alpha\bar{\alpha} = (a+bi)(a-bi) = a^2+b^2$$

のように実数になる．この事実は，複素数の商の計算に利用される：

$$\frac{2+5i}{3+4i} = \frac{(2+5i)(3-4i)}{(3+4i)(3-4i)}$$ ◀分母の共役複素数を分母・分子に掛ける
$$= \frac{6+15i-8i-20i^2}{3^2-(4i)^2}$$
$$= \frac{6+15i-8i-20\cdot(-1)}{9-(-16)} = \frac{26+7i}{25}$$

[**例**] 次の計算をせよ．

(1) $(2+3i)(4-5i)$ (2) $(4-3i)^2$

(3) $\dfrac{1+\sqrt{3}i}{1-\sqrt{3}i}$ (4) $\dfrac{1}{1+i}+\dfrac{2}{1-i}$

解 (1) $(2+3i)(4-5i) = 8+12i-10i-15i^2$ ◀$i^2 = -1$
$$= 8+12i-10i-15\cdot(-1)$$
$$= 23+2i$$

（2） $(4-3i)^2 = 4^2 - 2\cdot 4\cdot 3i + (3i)^2$
$\qquad\qquad\quad = 16 - 2\cdot 4\cdot 3i + (-9)$ ◀ $(3i)^2 = 3^2\cdot i^2 = 9\cdot(-1)$
$\qquad\qquad\quad = 7 - 24i$

（3） $\dfrac{1+\sqrt{3}i}{1-\sqrt{3}i} = \dfrac{(1+\sqrt{3}i)(1+\sqrt{3}i)}{(1-\sqrt{3}i)(1+\sqrt{3}i)}$
$\qquad\qquad = \dfrac{1 + 2\cdot 1\cdot\sqrt{3}i + (\sqrt{3}i)^2}{1^2 - (\sqrt{3}i)^2}$
$\qquad\qquad = \dfrac{1 + 2\sqrt{3}i + (-3)}{1 - (-3)} = \dfrac{-1+\sqrt{3}i}{2}$

（4） $\dfrac{1}{1+i} + \dfrac{2}{1-i} = \dfrac{1\cdot(1-i) + 2(1+i)}{(1+i)(1-i)}$
$\qquad\qquad\quad = \dfrac{1-i+2+2i}{1^2 - i^2} = \dfrac{3+i}{1-(-1)} = \dfrac{3+i}{2}$

2次方程式

［**例**］　次の2次方程式を解け．

（1）　$6x^2 - x - 15 = 0$

（2）　$3x^2 + 5x - 1 = 0$

（3）　$5x^2 + 3x + 1 = 0$

　解　左辺の因数分解を試みる．

（1）　右の「たすきがけ」によって，
$\qquad (2x+3)(3x-5) = 0$
∴　$2x + 3 = 0$　または，　$3x - 5 = 0$
　∴　$x = -\dfrac{3}{2}$　または，　$x = \dfrac{5}{3}$

```
2      3  ⟶    9
 ╳
3     -5  ⟶  -10
              ―――
               -1
```

（2）　「たすきがけ」に成功しないので解の公式による．

$x = \dfrac{-5 \pm \sqrt{5^2 - 4\times 3\times(-1)}}{2\times 3}$
$\quad = \dfrac{-5 \pm \sqrt{37}}{6}$

Point
$ax^2 + bx + c = 0$
の解の公式
$x = \dfrac{-b \pm \sqrt{b^2 - 4ac}}{2a}$

（3） $x = \dfrac{-3 \pm \sqrt{3^2 - 4 \times 5 \times 1}}{2 \times 5}$

$= \dfrac{-3 \pm \sqrt{-11}}{10} = \dfrac{-3 \pm \sqrt{11}\,i}{10}$ ◀ $\sqrt{-a} = \sqrt{a}\,i$
ただし，$a > 0$

高次方程式

基本は，因数定理の利用．

［例］ 次の3次方程式を解け．

（1） $x^3 - 6x^2 + 11x - 6 = 0$

（2） $x^3 - 3x^2 + 3x - 2 = 0$

解 与えられた方程式の左辺を $P(x)$ とおく．

（1） $P(1) = 1^3 - 6 \cdot 1^2 + 11 \cdot 1 - 6 = 0$ より，$x - 1$ は $P(x)$ の因数．

$$x^3 - 6x^2 + 11x - 6 = (x-1)(x^2 - 5x + 6)$$
$$= (x-1)(x-2)(x-3) = 0$$
$$\therefore\ x = 1,\ x = 2,\ x = 3$$

（2） $P(2) = 2^3 - 3 \cdot 2^2 + 3 \cdot 2 - 2 = 0$ より，$x - 2$ は $P(x)$ の因数．

$$x^3 - 3x^2 + 3x - 2 = (x-2)(x^2 - x + 1) = 0$$
$$\therefore\ x = 2,\ x = \dfrac{1 \pm \sqrt{3}\,i}{2}$$

不等式

$f(x) > 0$（右辺が 0）の形に変形し，$f(x)$ を積・商で表わす．

［例］ 不等式 $(x-2)(x-3) > 0$ を解け．

解 次のような表を作る： ◀ この方法が分かりやすい

x	$\cdots$	2	$\cdots$	3	$\cdots$
$x-2$	$-$	0	$+$	$+$	$+$
$x-3$	$-$	$-$	$-$	0	$+$
積	$+$	0	$-$	0	$+$

ゆえに，求める解は，

$$x < 2,\quad x > 3$$

―― 例題 3.1 ―――――――――――――――――――――――― 方程式 ――

次の方程式を解け．

（1） $\begin{cases} 3x + 5y = 4 \\ 4x + 9y = 3 \end{cases}$

（2） $12x^2 + 7x - 10 = 0$ （3） $3x^2 - 5x + 4 = 0$

（4） $x^3 - 2x^2 - 7x - 4 = 0$ （5） $x^3 - 2 = 0$

【解】（1） $\begin{cases} 3x + 5y = 4 & \cdots\cdots\cdots ① \\ 4x + 9y = 3 & \cdots\cdots\cdots ② \end{cases}$

加減法による．

①×9 :	$27x + 45y = 36$	①×4 :	$12x + 20y = 16$
②×5 :	$20x + 45y = 15$	②×3 :	$12x + 27y = 9$
	$7x = 21$		$-7y = 7$

ゆえに，

$$x = 3, \quad y = -1$$

（2） 右の「たすきがけ」により，

$$(3x - 2)(4x + 5) = 0$$

$3x - 2 = 0$　または，　$4x + 5 = 0$

∴ $x = \dfrac{2}{3}$　または，　$x = -\dfrac{5}{4}$

```
3      -2   ⟶   -8
  ╲  ╱
  ╱  ╲
4       5   ⟶   15
                ―――
                 7
```

（3） 解の公式による．

$x = \dfrac{-(-5) \pm \sqrt{(-5)^2 - 4\cdot 3\cdot 4}}{2\cdot 3}$

$= \dfrac{5 \pm \sqrt{-23}}{6}$

$= \dfrac{5 \pm \sqrt{23}\, i}{6}$

┌─ Point ─────────┐
│ $ax^2 + bx + c = 0$ │
│ の解の公式 │
│ $x = \dfrac{-b \pm \sqrt{b^2 - 4ac}}{2a}$ │
└─────────────────┘

（4） 因数定理による．

$$P(x) = x^3 - 2x^2 - 7x - 4$$

とおき，-4 の約数 $\pm 1, \pm 2, \pm 4$ を，$P(x)$ へ順次代入する．
$$P(-1) = (-1)^3 - 2(-1)^2 - 7(-1) - 4$$
$$= -1 - 2 + 7 - 4 = 0$$

ゆえに，$x - (-1) = x + 1$ は，$P(x)$ の因数．

したがって，与えられた方程式は，

$$x^3 - 2x^2 - 7x - 4$$
$$= (x+1)(x^2 - 3x - 4)$$
$$= (x+1)(x+1)(x-4) = 0$$

ゆえに，
$$x = -1\,(\text{重解}), \quad x = 4$$

▶注 ダブッテイル解を，**重解**ということがある．

（5）
$$x^3 - (\sqrt[3]{2})^3 = 0$$
$$\therefore (x - \sqrt[3]{2})(x^2 + \sqrt[3]{2}\,x + (\sqrt[3]{2})^2) = 0 \quad \blacktriangleleft \text{立方差の公式}$$

ゆえに，解の公式を用いて，
$$x = \sqrt[3]{2}, \; \sqrt[3]{2}\left(\frac{-1 \pm \sqrt{3}\,i}{2}\right)$$

▶注 $\left(\dfrac{x}{\sqrt[3]{2}}\right)^3 - 1 = 0$

$t = \left(\dfrac{x}{\sqrt[3]{2}}\right)$ とおき，

$t^3 - 1 = 0$ を解く．

> **Point**
>
> n 乗して $a\,(\geqq 0)$ になる実数 $(\geqq 0)$ を，
> $$\sqrt[n]{a}$$
> とかき，a の **n 乗根**という．

類題 3.1

次の方程式を解け．

（1）$\begin{cases} 5x - 2y = 5 \\ 7x - 4y = 1 \end{cases}$

（2）$6x^2 - 7x - 20 = 0$　　　（3）$x^2 + x + 1 = 0$

（4）$x^3 - 5x^2 + 8x - 4 = 0$　　（5）$x^3 - 4 = 0$

━━ 例題 3.2 ━━━━━━━━━━━━━━━━━━━━━━━━ 不等式 ━━

次の不等式を解け.

（1） $x^2 - 3x + 2 < 0$

（2） $x^3 + x^2 - 14x - 24 \leqq 0$

（3） $x^3 - 3x^2 + 5x - 3 > 0$

（4） $\dfrac{(x-1)(x-3)}{x-2} \geqq 0$

【解】 左辺を因数分解して，表を作る.

（1） $x^2 - 3x + 2 < 0$

$(x-1)(x-2) < 0$

ゆえに，

$1 < x < 2$

x	$\cdots$	1	$\cdots$	2	$\cdots$
$x-1$	$-$	0	$+$	$+$	$+$
$x-2$	$-$	$-$	$-$	0	$+$
積	$+$	0	$-$	0	$+$

（2） $\qquad P(x) = x^3 + x^2 - 14x - 24$

とおく．このとき，

$$P(-2) = (-2)^3 + (-2)^2 - 14 \cdot (-2) - 24$$
$$= -8 + 4 + 28 - 24 = 0$$

因数定理により，$x - (-2) = x + 2$ は，$P(x)$ の因数.

したがって，与えられた不等式は，

$$x^3 + x^2 - 14x - 24 = (x+2)(x^2 - x - 12) \quad \blacktriangleleft 割り算実行$$
$$= (x+2)(x+3)(x-4) \leqq 0$$

x	$\cdots$	-3	$\cdots$	-2	$\cdots$	4	$\cdots$
$x+3$	$-$	0	$+$	$+$	$+$	$+$	$+$
$x+2$	$-$	$-$	$-$	0	$+$	$+$	$+$
$x-4$	$-$	$-$	$-$	$-$	$-$	0	$+$
積	$-$	0	$+$	0	$-$	0	$+$

ゆえに，上の表から，求める解は，

$$x \leqq -3, \quad -2 \leqq x \leqq 4$$

◀ ●━━●──────● -3 -2　　　　4

（3） 因数定理により，$x-1$ が左辺の因数．
よって，与えられた不等式は，
$$(x-1)(x^2-2x+3) > 0$$
$$(x-1)\{(x-1)^2+2\} > 0$$

◀ この変形がポイント

ここで，つねに，$(x-1)^2+2 > 0$ だから，
$$x-1 > 0$$
$$\therefore \quad x > 1$$

（4） これも，表を作る．

x	$\cdots$	1	$\cdots$	2	$\cdots$	3	$\cdots$
$x-1$	$-$	0	$+$	$+$	$+$	$+$	$+$
$x-2$	$-$	$-$	$-$	0	$+$	$+$	$+$
$x-3$	$-$	$-$	$-$	/	$-$	0	$+$
分数式	$-$	0	$+$	/	$-$	0	$+$

ゆえに，求める解は，
$$1 \leqq x < 2, \quad x \geqq 3$$

◀ 区間の端に注意

=== Advice ===
端を忘れて，恥をかくな！

類題 3.2

次の不等式を解け．

（1） $x^2 - x - 6 < 0$
（2） $x^3 - 4x^2 + x + 6 \leqq 0$
（3） $x^3 - 7x^2 + 17x - 15 > 0$
（4） $\dfrac{(x-1)(x-4)}{x+2} \geqq 0$

補充問題（第1章）

1.1 ①　次の計算をせよ．

(1) $\dfrac{3}{10} \div \left(1 - \dfrac{2}{5}\right) \times \left(-\dfrac{1}{6}\right) + \dfrac{2}{3}$

(2) $1 - \dfrac{1 - \dfrac{1}{3}}{1 - \dfrac{1}{1 - \dfrac{1}{3}}}$

②　次の式を展開せよ．

(1) $(3a - 7b)(4a + 5b)$

(2) $(a+1)(a-3)(a-4)$

(3) $\left(\dfrac{1}{3}x - \dfrac{1}{4}y\right)\left(\dfrac{1}{3}x + \dfrac{1}{4}y\right)$

(4) $(x + 3y)^3$

(5) $(a + b)^4$

(6) $(2x - y + 3z)^2$

③　次の式を因数分解せよ．

(1) $6a^2 - 7a - 20$

(2) $2a^2 - ab - 21b^2$

(3) $25x^2 - 36y^2$

(4) $81x^4 - 16y^4$

(5) $a^3 - 2a^2 - a + 2$

(6) $x^3 - 2x^2 - 4x + 8$

(7) $a^6 - 1$

(8) $x^4 + x^2y^2 + y^4$

2.1 ①　次の式を通分せよ．

(1) $\dfrac{1}{x+1} - \dfrac{1}{x-2} - \dfrac{6}{(x-2)^2}$

(2) $\dfrac{x-1}{x^2+3x+2} - \dfrac{x+2}{x^2-1}$

②　次の式を部分分数に分解せよ．

(1) $\dfrac{2x + 11}{(x-2)(x+3)}$

(2) $\dfrac{1}{(x+1)(x^2+1)}$

(3) $\dfrac{x^3 - 3x^2 + 2x + 2}{x^2 - 2x - 3}$

◀ $Ax + B + \dfrac{C}{x+1} + \dfrac{D}{x-3}$ の形へ

$\boxed{3}$ 次の式を簡単にせよ．

(1) $\dfrac{\sqrt{3}-\sqrt{5}}{\sqrt{3}+\sqrt{5}}$ (2) $\dfrac{1}{1+\sqrt{3}}+\dfrac{1}{2+\sqrt{3}}$ (3) $\dfrac{1}{1+\sqrt{2}+\sqrt{3}}$

$\boxed{4}$ 実数 a に対して，a の**絶対値** $|a|$ を次のように定義する：

$$|a| = \begin{cases} a & (a \geqq 0 \text{ のとき}) \\ -a & (a < 0 \text{ のとき}) \end{cases}$$

このとき，次の等式が成立する：

$$|a| = \sqrt{a^2}$$

(1) $a=3$, $a=-4$ のとき，この等式が成立することを確かめよ．

(2) 上の等式が成立することを示せ．

▶注 実数 a の絶対値 $|a|$ は，原点 O と a との距離 ($\geqq 0$) を表わす．

(3) 次の方程式を解け：

$$|x^2 - 2| = x$$

Advice
$a < 0$ のとき，
$\sqrt{a^2} = a$
は，成立しない！

3.1 $\boxed{1}$ $\omega = \dfrac{-1+\sqrt{3}\,i}{2}$ のとき，次を示せ： ◀ $\overset{\text{オメガー}}{\omega}$

(1) $\omega^2 + \omega + 1 = 0$

(2) $\omega^3 = 1$ ◀ ω は1の虚数3乗根

$\boxed{2}$ 次の方程式を解け．

(1) $6x^2 - 13x + 5 = 0$ (2) $x^2 - 2x - 1 = 0$

(3) $x^3 - 1 = 0$ (4) $x^4 - 1 = 0$

(5) $2x^3 - 7x^2 + 7x - 2 = 0$ (6) $x^4 + x^2 + 1 = 0$

3.2 次の不等式を解け．

(1) $6x^2 - 7x + 2 > 0$ (2) $x^2 - 6x + 9 > 0$

(3) $x^4 - 9 < 0$ (4) $\dfrac{x}{x^2-1} \geqq 0$

第2章

いろいろな関数

正比例関数(商品2倍は代金2倍)
指 数 関 数(倍々ゲームの一般化)
三 角 関 数(同一パターンの連鎖)

　これらが，自然現象・社会現象を記述する基本的な関数である．

　これらの関数の意味を知り，その扱いに親しんでおくことは，これから，数学さらに自然科学・社会科学を学ぶのに不可欠なのだ．

　本章では，以上の関数のミニマルエッセンスを学ぼう．

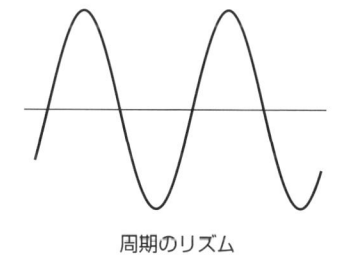

周期のリズム

§4　やさしい関数 ………… 30
§5　指数関数・対数関数 … 42
§6　三角関数 …………… 56

§4 やさしい関数

関　数

いろいろな値を取る文字を**変数**という．

変数 x の取る各値に，それぞれ一つの（変数 y の）値を**対応させる規則** f を**関数**といい，

$$y = f(x) \quad \text{または} \quad f : x \longmapsto y$$

などとかく．このとき，x を**独立変数**，y を**従属変数**という．

また，$x = a$ に対する y の値を $f(a)$ とかく．さらに，

x の取る値の範囲を，関数 $y = f(x)$ の**定義域**

y の取る値の範囲を，関数 $y = f(x)$ の**値　域**

という．

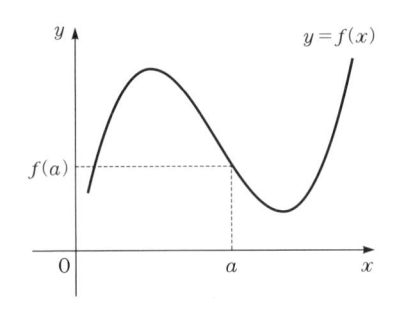

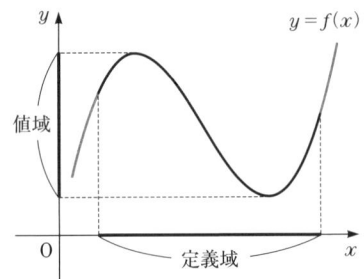

１次関数

$$y = ax + b$$

のグラフは，右のような直線．

a：傾き　　b：y 切片

$$\begin{cases} a > 0 \implies \text{右上り} \\ a = 0 \implies \text{水　平} \\ a < 0 \implies \text{右下り} \end{cases}$$

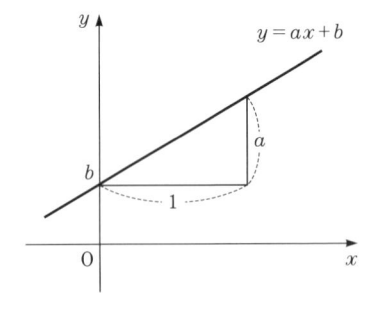

§4 やさしい関数

$ax+by=c$ のグラフは，直線になる． ◀ $a=b=0$ ではない

[例] 次の式の表わすグラフをかけ．
（1） $y=2x-1$ 　　　（2） $2x+3y=5$
（3） $y=-1$ 　　　　（4） $x=2$

解

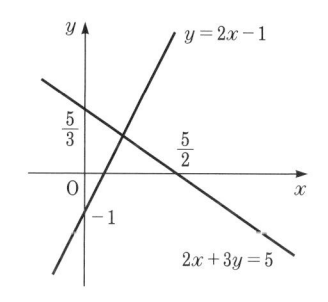

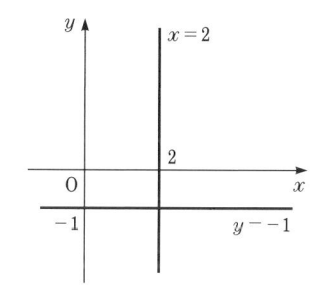

2次関数

$$y=ax^2$$ ◀ $a \neq 0$

のグラフは，次のような放物線．

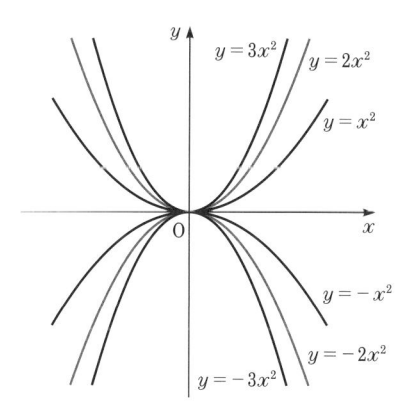

一般の
$$y=ax^2+bx+c$$
は，次の形に変形する： ◀ 変形手順は次の例で
$$y=a(x-p)^2+q$$

このグラフは，次のような放物線:

$$\text{頂点}(p, q) \quad \text{対称軸 } x = p$$
$$a > 0 \implies \text{下に凸}$$
$$a < 0 \implies \text{上に凸}$$

放物線 $y = ax^2$ を「右へ p だけ・上へ q だけ」平行移動したもの．

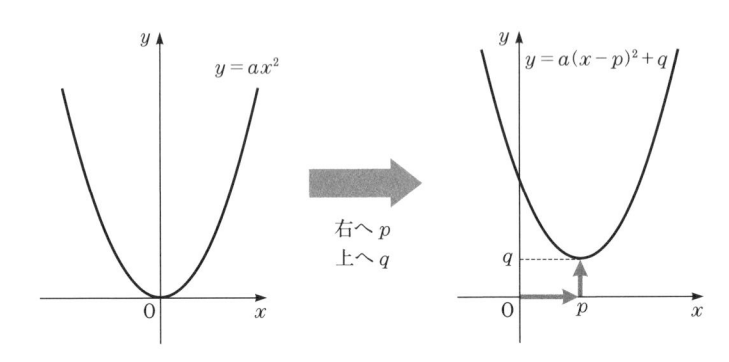

[**例**] 次の2次関数のグラフをかけ．

(1) $y = 2x^2 - 12x + 13$

(2) $y = -3x^2 - 6x + 1$

解 次のような手順で平方完成する．

(1) $y = 2x^2 - 12x + 13$

$\quad = 2(x^2 - 6x) + 13$ ◀ x^2, x の項から x^2 の係数をくくり出す

$\quad = 2(x^2 - 6x + (-3)^2 - (-3)^2) + 13$ ◀ $(x$ の係数 $\div 2)^2$ を加えて，引く

$\quad = 2((x - 3)^2 - 9) + 13$

$\quad = 2(x - 3)^2 - 18 + 13$ ◀ 平方完成!

$\quad = 2(x - 3)^2 - 5$

(2) $y = -3x^2 - 6x + 1$

$\quad = -3(x^2 + 2x) + 1$

$\quad = -3(x^2 + 2x + 1^2 - 1^2) + 1$

$\quad = -3((x + 1)^2 - 1) + 1$

$\quad = -3(x + 1)^2 + 4$

§4　やさしい関数

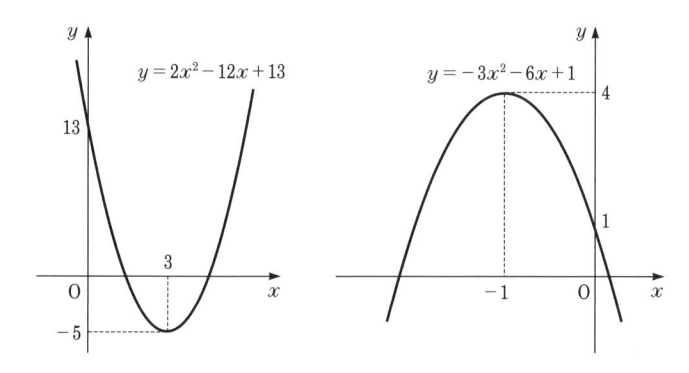

グラフ: $y = 2x^2 - 12x + 13$（頂点 $(3, -5)$、y 切片 13）

グラフ: $y = -3x^2 - 6x + 1$（頂点 $(-1, 4)$、y 切片 1）

● **平方完成の手順**

$$\begin{aligned}
ax^2 + bx + c &= a\left(x^2 + \frac{b}{a}x\right) + c \\
&= a\left\{x^2 + \frac{b}{a}x + \left(\frac{b}{2a}\right)^2 - \left(\frac{b}{2a}\right)^2\right\} + c \\
&= a\left\{\left(x + \frac{b}{2a}\right)^2 - \frac{b^2}{4a^2}\right\} + c \quad\blacktriangleleft\text{平方完成!} \\
&= a\left(x + \frac{b}{2a}\right)^2 - \frac{b^2}{4a} + c \\
&= a\left(x + \frac{b}{2a}\right)^2 - \frac{b^2 - 4ac}{4a}
\end{aligned}$$

式は，**用途に応じて変形する**もの．

たとえば，2次式でいえば，

　　$2x^2 - 12x + 10$ … 基 本 形
　　$2(x-1)(x-5)$ … 因数分解形
　　$2(x-3)^2 - 8$ … 平方完成形

の三種が考えられる：

　　基 本 形 … 整理した形
　　因数分解形 … 解，グラフと x 軸との交点を求めるのに便利
　　平方完成形 … 関数値の変化，グラフをかくのに便利

――― **How to** ―――
式は用途（目的）
に応じて変形せよ！
――――――――――

分数関数

$$y = \frac{k}{x} \quad (k \neq 0)$$

のグラフは，定数 k の正負により，次のようになる：

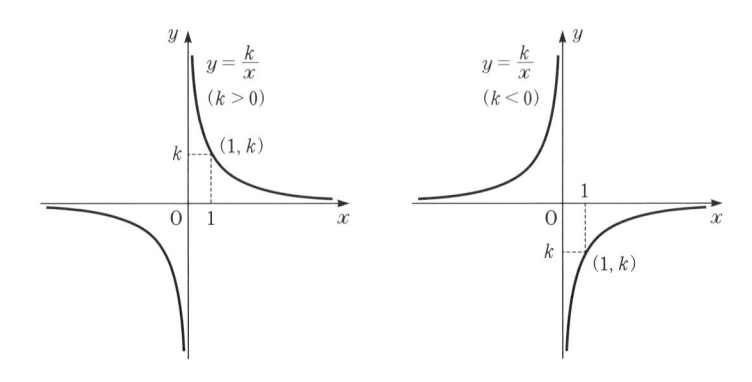

$y = \dfrac{k}{x}$ $(k > 0)$，点 $(1, k)$

$y = \dfrac{k}{x}$ $(k < 0)$，点 $(1, k)$

たとえば，

$$y = \frac{1}{x}$$

の x と関数値，グラフは，下のようになる：

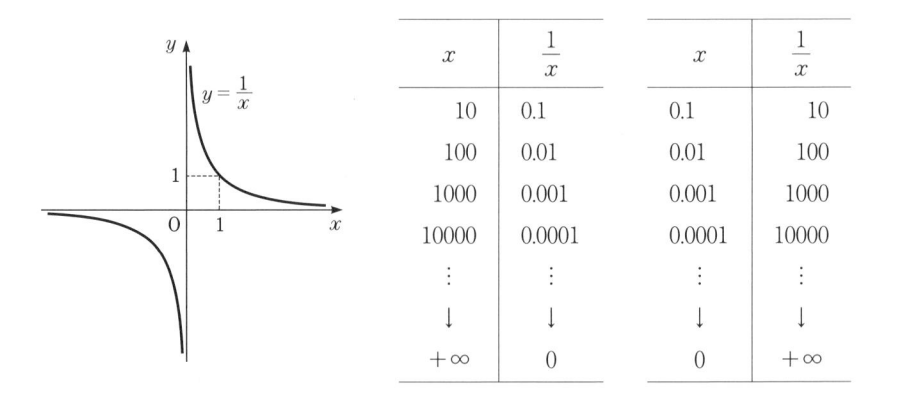

x	$\dfrac{1}{x}$	x	$\dfrac{1}{x}$
10	0.1	0.1	10
100	0.01	0.01	100
1000	0.001	0.001	1000
10000	0.0001	0.0001	10000
⋮	⋮	⋮	⋮
↓	↓	↓	↓
$+\infty$	0	0	$+\infty$

このように，グラフが限りなく近づいていく直線を，その曲線の**漸近線**という．上の例では，x 軸と y 軸が漸近線．

§4 やさしい関数

さらに，一般の
$$y = \frac{cx+d}{ax+b} \quad (a \neq 0)$$
の場合は， ◀ 割り算を実行
$$y = \frac{k}{x-p} + q \quad \text{すなわち，} \quad y - q = \frac{k}{x-p}$$
の形に変形する．

これは，$y = \dfrac{k}{x}$ のグラフを，

$$\left.\begin{array}{l}\text{右へ } p \text{ だけ} \\ \text{上へ } q \text{ だけ}\end{array}\right\} \text{平行移動}$$

したもの．2直線
$$x = p$$
$$y = q$$
を漸近線とする双曲線である．

［**例**］ $y = \dfrac{4x-1}{2x-2}$ のグラフをかけ．

解 右の計算により，
$$y = \frac{4x-1}{2x-2} = 2 + \frac{3}{2x-2} = \frac{\frac{3}{2}}{x-1} + 2$$

$$\begin{array}{r} 2 \\ 2x-2 \overline{\smash{)}\, 4x-1} \\ \underline{4x-4} \\ 3 \end{array}$$

グラフは，下のようになる：

無理関数

いま，定義域 A，値域 B の関数
$$y = f(x)$$
に対して，値域 B の**どんな**元 y に対しても，
$$y = f(x)$$
となる A の元 x が，**ただ一つだけ必ず**存在するとき，y に x を対応させる関数を，関数 f の**逆関数**といい，f^{-1} とかく：

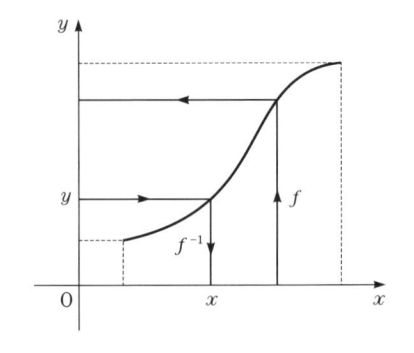

$$f^{-1} : y \longmapsto x$$

すなわち，
$$x = f^{-1}(y) \iff y = f(x)$$

見やすいように，x と y を交換すると，

$$\boxed{y = f^{-1}(x) \iff x = f(y)}\quad\text{逆関数}$$

▶ **注** 逆関数 f^{-1} は，f の**逆の対応**の意味． ◀ 逆数と混同せぬこと

[**例**] 次の関数の逆関数を求めよ．

(1) $y = 2x - 3$

(2) $y = x^2 \quad (x \geqq 0)$ ◀ $x \geqq 0$ は定義域

解 (1) x と y を交換すると，
$$x = 2y - 3$$
これを，y について解く．
$$y = \frac{1}{2}(x+3)$$

(2) x と y を交換すると，
$$x = y^2 \quad (y \geqq 0)$$
◀ このとき，$x \geqq 0$

Point

$y = f(x)$ の逆関数

x と y を交換した

$x = f(y)$

を y について解く．

§4 やさしい関数   37

これを，y について解く．
$$y = \sqrt{x} \quad (x \geqq 0)$$

▶ **注** ある関数とその逆関数のグラフは，直線 $y = x$ に関して対称．

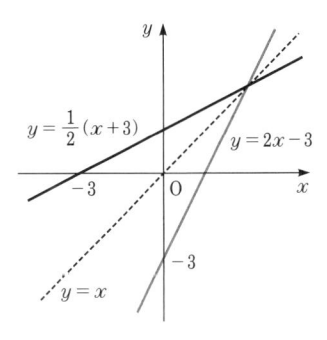

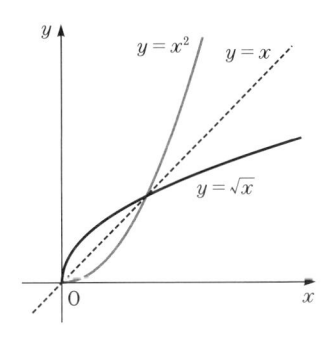

● $\sqrt{}$ のついた関数のグラフを列挙する．

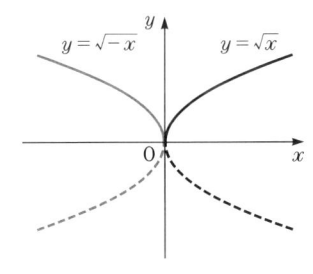

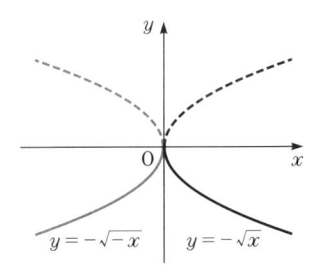

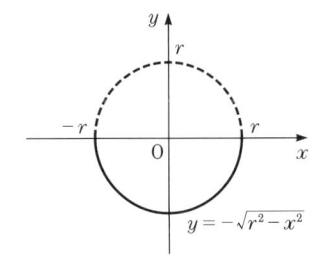

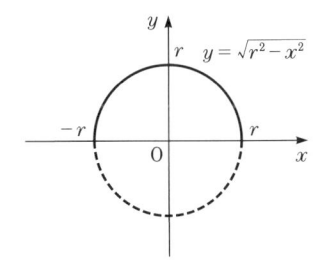

例題 4.1 2次関数・分数関数

次の関数のグラフをかけ．

(1) $y = 4x^2 - 4x - 3$ (2) $y = -2x^2 - 8x - 3$

(3) $y = \dfrac{-4x + 3}{2x - 4}$

【解】 (1) 平方完成する．

$$y = 4x^2 - 4x - 3$$
$$= 4(x^2 - x) - 3$$
$$= 4\left\{x^2 - x + \left(-\dfrac{1}{2}\right)^2 - \left(-\dfrac{1}{2}\right)^2\right\} - 3$$
$$= 4\left\{\left(x - \dfrac{1}{2}\right)^2 - \dfrac{1}{4}\right\} - 3$$
$$= 4\left(x - \dfrac{1}{2}\right)^2 - 4$$

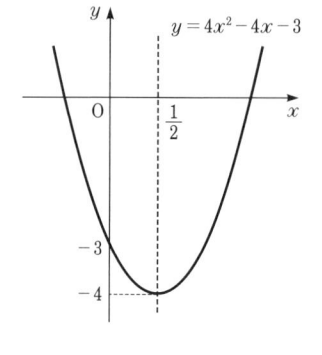

頂点 $\left(\dfrac{1}{2}, -4\right)$，下に凸の放物線．

(2) 平方完成する．

$$y = -2x^2 - 8x - 3$$
$$= -2(x^2 + 4x) - 3$$
$$= -2(x^2 + 4x + 2^2 - 2^2) - 3$$
$$= -2\{(x + 2)^2 - 4\} - 3$$
$$= -2(x + 2)^2 + 5$$
$$= -2(x - (-2))^2 + 5$$

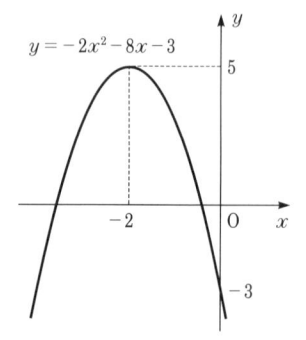

頂点 $(-2, 5)$，上に凸の放物線．

(3) 右の計算から，

$$y = \dfrac{-4x + 3}{2x - 4}$$
$$= \dfrac{-5}{2x - 4} - 2$$

$$\begin{array}{r} -2 \\ 2x-4 \enclose{longdiv}{-4x+3} \\ \underline{-4x+8} \\ -5 \end{array}$$

§4 やさしい関数

$$\therefore \quad y = \dfrac{-\dfrac{5}{2}}{x-2} - 2$$

したがって，グラフは，双曲線

$$y = \dfrac{-\dfrac{5}{2}}{x} = -\dfrac{5}{2x}$$

を，右へ 2，下へ 2（上へ -2）だけ平行移動したもの．

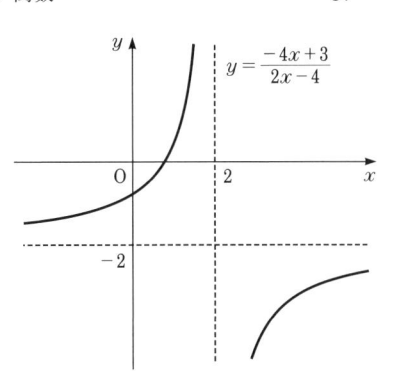

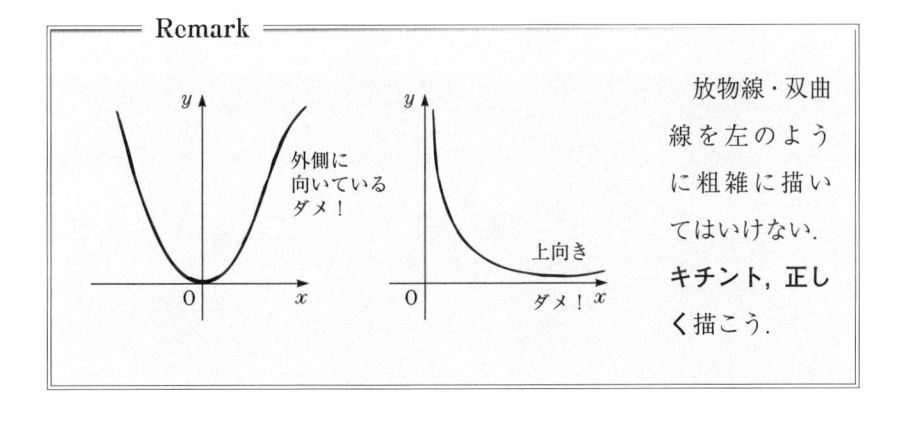

$y = \dfrac{-4x+3}{2x-4}$

Remark

放物線・双曲線を左のように粗雑に描いてはいけない．**キチント，正しく描こう．**

（外側に向いているダメ！／上向きダメ！）

類題 4.1

次の関数のグラフをかけ．

（1） $y = 2x^2 - 4x - 6$ 　　（2） $y = -x^2 + 4x - 3$

（3） $y = \dfrac{x-2}{x-3}$

━━━ 例題 4.2 ━━━━━━━━━━━━━━━━━━━━━━━ 無理関数 ━━━

次の関数のグラフをかけ．
(1) $y^2 = 2x$ 　　　　　(2) $y = \sqrt{2x-4} + 1$
(3) $(x-1)^2 + (y-2)^2 = 5$ 　　(4) $y = \sqrt{4-x^2}$

【解】(1) $y^2 = 2x$ より，$x = \dfrac{1}{2}y^2$．したがって，横軸を y 軸，縦軸を x 軸と名づければ，グラフは，下図(左)のようになる．

いま，この座標平面全体を，直線 $y = x$ を回転軸として裏返せば，通常のように横軸が x 軸，縦軸が y 軸になる．描かれている曲線が $y^2 = 2x$ のグラフに他ならない．

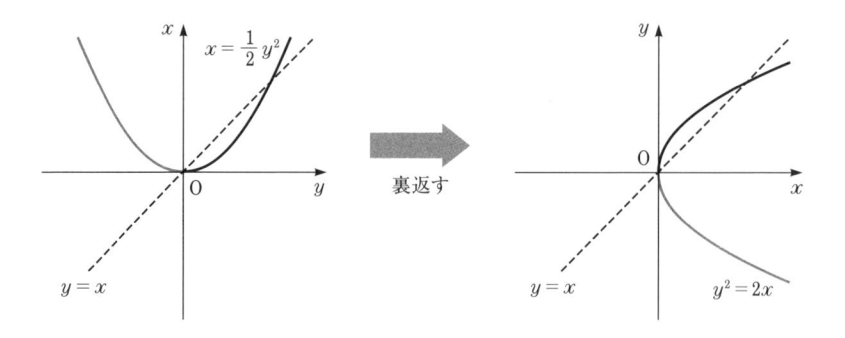

▶注 　曲線 $y = \sqrt{2x}$ は，曲線 $y^2 = 2x$ の上半分．
　　　曲線 $y = -\sqrt{2x}$ は，曲線 $y^2 = 2x$ の下半分．

(2) $y = \sqrt{2x-4} + 1$
　　　$= \sqrt{2(x-2)} + 1$

これは，曲線 $y = \sqrt{2x}$ を，
　　右へ 2 だけ，　上へ 1 だけ
平行移動して得られる曲線．

(3) 円 $x^2 + y^2 = (\sqrt{5})^2$ を，右へ 1，上へ 2 だけ平行移動した円．

(4) 円 $x^2 + y^2 = 2^2$ の上半分．

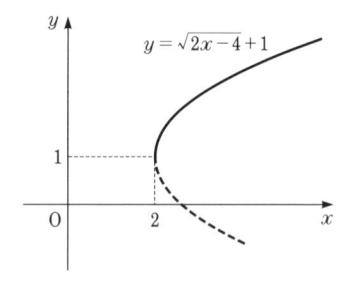

§4 やさしい関数

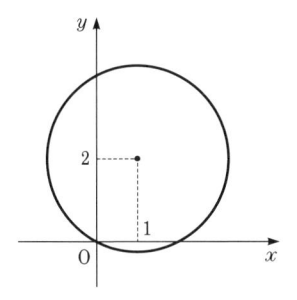

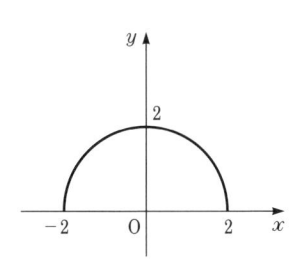

Point

$f(x, y) = 0$ のグラフを，
右へ p だけ・上へ q だけ
平行移動したグラフの方程式は，
$$f(x-p, y-q) = 0$$
すなわち，
x の代りに，$x-p$
y の代りに，$y-q$ 〕 とおく．

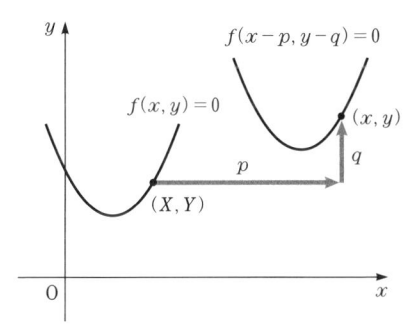

▶注 曲線 $f(x, y) = 0$ を，右へ p，上へ q だけ平行移動した曲線上の点を (x, y) とし，この点に対応する曲線 $f(x, y) = 0$ 上の点を (X, Y) とすれば，$f(X, Y) = 0$.

$$\begin{cases} x = X + p \\ y = Y + q \end{cases} \text{より,} \quad \begin{cases} X = x - p \\ Y = y - q \end{cases}$$

この X, Y を，$f(X, Y) = 0$ へ代入すれば，
$$f(x-p, y-q) = 0$$
これが，移動後の曲線の方程式である．

類題 4.2

次の関数のグラフをかけ．

(1) $y^2 = -2x$ (2) $y = \sqrt{x-1} - 2$

(3) $(x+1)^2 + (y-1)^2 = 4$ (4) $y = -\sqrt{1-x^2}$

§5 指数関数・対数関数

n 乗根

いま，$a > 0$ とし，n を正の整数とする．
$$x^n = a$$
となる $x\,(>0)$ は，ただ一つだけ必ず存在する．この x を a の **n 乗根**といい，
$$\sqrt[n]{a}$$
とかく．とくに，2乗根を**平方根**ともいい，ふつう $\sqrt{a}$ とかくのは，ご存じの通り．

たとえば，

$2^3 = 8$　だから，$\sqrt[3]{8} = 2$
$3^4 = 81$　だから，$\sqrt[4]{81} = 3$
$1^5 = 1$　だから，$\sqrt[5]{1} = 1$

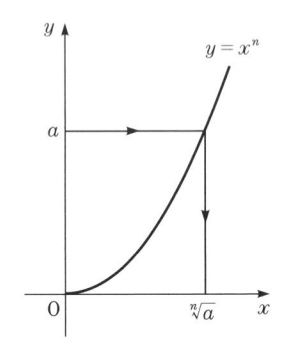

指数関数 a^x の定義

$a > 0$，x を実数とするとき，a^x は次のようである：

$a > 0$，n を正の整数，m を一般の整数とするとき，

（1）$a^n = \underbrace{a \times a \times \cdots \times a}_{n\,\text{個}}$,　　$a^0 = 1$,　　$a^{-n} = \dfrac{1}{a^n}$

（2）$a^{\frac{m}{n}} = \sqrt[n]{a^m} = (\sqrt[n]{a})^m$

（3）$\{r_n\}$ を無理数 p に収束する有理数列とするとき，
$$a^p = \lim_{n \to \infty} a^{r_n}$$

a^x の定義

▶ **注**　定義の (3) では，第3章で扱う用語 (収束，数列) や記号 ($\lim$) を使っているので，後で読み直してもらえばよい．

§5 指数関数・対数関数

さて，$3^{\sqrt{2}}$ は？ まず，$\sqrt{2}$ へ収束する有理数列，たとえば，

$$1, \quad 1.4, \quad 1.41, \quad 1.414, \quad 1.4142, \quad \cdots\cdots$$

を考えて，

$$3^1, \quad 3^{1.4}, \quad 3^{1.41}, \quad 3^{1.414}, \quad 3^{1.4142}, \quad \cdots\cdots \quad \blacktriangleleft \text{これらは定義済み}$$

の極限値を，$3^{\sqrt{2}}$ と定義するのである．

▶ **注** 収束状況を右に記す．

r	3^r
1	3
1.4	$4.6555367\cdots$
1.41	$4.7069650\cdots$
1.414	$4.7276950\cdots$
1.4142	$4.7287339\cdots$
1.41421	$4.7287858\cdots$
1.414213	$4.7288014\cdots$
1.4142135	$4.7288040\cdots$
$\vdots$	$\vdots$
$\downarrow$	$\downarrow$
$\sqrt{2}$	$4.7288043\cdots$

[**例**] 指数を用いてかけ．

(1) $\dfrac{1}{a^3}$ 　　(2) $\sqrt[4]{a^5}$

(3) $\dfrac{1}{\sqrt[3]{a}}$ 　　(4) $\dfrac{1}{\sqrt[5]{a^2}}$

解 (1) $\dfrac{1}{a^3} = a^{-3}$

(2) $\sqrt[4]{a^5} = a^{\frac{5}{4}}$

(3) $\dfrac{1}{\sqrt[3]{a}} = \dfrac{1}{a^{\frac{1}{3}}} = a^{-\frac{1}{3}}$

(4) $\dfrac{1}{\sqrt[5]{a^2}} = \dfrac{1}{a^{\frac{2}{5}}} = a^{-\frac{2}{5}}$

指数関数 a^x は，次の性質をもつ：

$a > 0$，$b > 0$ とし，x, y を任意の実数とするとき，

(1) $a^{x+y} = a^x a^y$

(2) $a^{xy} = (a^x)^y$

(3) $(ab)^x = a^x b^x$

(4) $a^{x-y} = \dfrac{a^x}{a^y}, \quad \left(\dfrac{b}{a}\right)^x = \dfrac{b^x}{a^x}$

注 (1) だけ指数法則ということもある．

指数法則

[例] 次の値を求めよ．

(1) $49^{\frac{1}{2}}$ (2) $64^{\frac{3}{2}}$ (3) $125^{-\frac{1}{3}}$

(4) $\left(\dfrac{16}{25}\right)^{\frac{3}{2}}$ (5) $\dfrac{\sqrt[3]{2}\sqrt{8}}{\sqrt[6]{2}}$ (6) $\sqrt[10]{32}\sqrt[3]{64}$

解 指数法則を用いる． ◀計算方法は一通りとはかぎらない

(1) $49^{\frac{1}{2}} = (7^2)^{\frac{1}{2}} = 7^{2 \times \frac{1}{2}} = 7^1 = 7$

(2) $64^{\frac{3}{2}} = (8^2)^{\frac{3}{2}} = 8^{2 \times \frac{3}{2}} = 8^3 = 512$

(3) $125^{-\frac{1}{3}} = (5^3)^{-\frac{1}{3}} = 5^{3 \times \left(-\frac{1}{3}\right)} = 5^{-1} = \dfrac{1}{5}$

(4) $\left(\dfrac{16}{25}\right)^{\frac{3}{2}} = \left(\left(\dfrac{4}{5}\right)^2\right)^{\frac{3}{2}} = \left(\dfrac{4}{5}\right)^{2 \times \frac{3}{2}} = \left(\dfrac{4}{5}\right)^3 = \dfrac{64}{125}$

(5) $\dfrac{\sqrt[3]{2}\sqrt{8}}{\sqrt[6]{2}} = \dfrac{2^{\frac{1}{3}} \times (2^3)^{\frac{1}{2}}}{2^{\frac{1}{6}}} = \dfrac{2^{\frac{1}{3}+\frac{3}{2}}}{2^{\frac{1}{6}}} = 2^{\frac{1}{3}+\frac{3}{2}-\frac{1}{6}} = 2^{\frac{5}{3}}$

$= 2^{1+\frac{2}{3}}$
$= 2 \times (2^2)^{\frac{1}{3}}$
$= 2\sqrt[3]{4}$

(6) $\sqrt[10]{32}\sqrt[3]{64} = (2^5)^{\frac{1}{10}}(2^6)^{\frac{1}{3}}$
$= 2^{\frac{5}{10}} \times 2^{\frac{6}{3}}$
$= 2^{\frac{1}{2}} \times 2^2$
$= 4\sqrt{2}$

> **Advice**
> 憶えておこう
> $2^4 = 16$ $3^3 = 27$
> $2^5 = 32$ $3^4 = 81$
> $2^6 = 64$ $3^5 = 243$
> $2^7 = 128$ $5^3 = 125$

[例] 次の式を $a^p b^q$ の形で表わせ．ただし，$a > 0, b > 0$ とする．

(1) $\dfrac{(ab^2)^3 (a^3 b)^2}{a^4 b^{10}}$ (2) $\dfrac{\sqrt[3]{ab^4}}{\sqrt{a^3 b}}$ (3) $\dfrac{\sqrt{a\sqrt{b}}}{a\sqrt[3]{b}}$

解 指数法則などを用いる．

(1) $\dfrac{(ab^2)^3 (a^3 b)^2}{a^4 b^{10}} = \dfrac{a^3 b^{2 \times 3} \cdot a^{3 \times 2} b^2}{a^4 b^{10}} = \dfrac{a^3 b^6 \cdot a^6 b^2}{a^4 b^{10}}$

$= a^{3+6-4} b^{6+2-10} = a^5 b^{-2}$

（2） $\dfrac{\sqrt[3]{ab^4}}{\sqrt{a^3b}} = \dfrac{(ab^4)^{\frac{1}{3}}}{(a^3b)^{\frac{1}{2}}} = \dfrac{a^{\frac{1}{3}}b^{\frac{4}{3}}}{a^{\frac{3}{2}}b^{\frac{1}{2}}} = a^{\frac{1}{3}-\frac{3}{2}}b^{\frac{4}{3}-\frac{1}{2}} = a^{-\frac{7}{6}}b^{\frac{5}{6}}$

（3） $\dfrac{\sqrt{a\sqrt{b}}}{a\sqrt[3]{b}} = \dfrac{(ab^{\frac{1}{2}})^{\frac{1}{2}}}{ab^{\frac{1}{3}}} = \dfrac{a^{\frac{1}{2}}b^{\frac{1}{4}}}{ab^{\frac{1}{3}}} = a^{\frac{1}{2}-1}b^{\frac{1}{4}-\frac{1}{3}} = a^{-\frac{1}{2}}b^{-\frac{1}{12}}$

指数関数のグラフ

指数関数 $y = 2^x$ および $y = \left(\dfrac{1}{2}\right)^x$ のグラフをかいてみよう．

x	$\cdots$	-3	-2	-1	0	1	2	3	$\cdots$
2^x	$\cdots$	0.125	0.25	0.5	1	2	4	8	$\cdots$
$\left(\dfrac{1}{2}\right)^x$	$\cdots$	8	4	2	1	0.5	0.25	0.125	$\cdots$

これらを座標平面上にプロットし，滑らかな曲線で結ぶ（これがグラフをかくときの基本）．

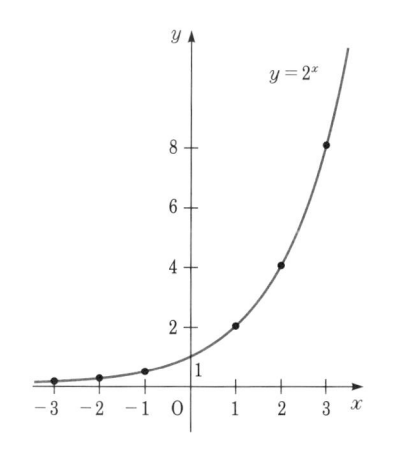

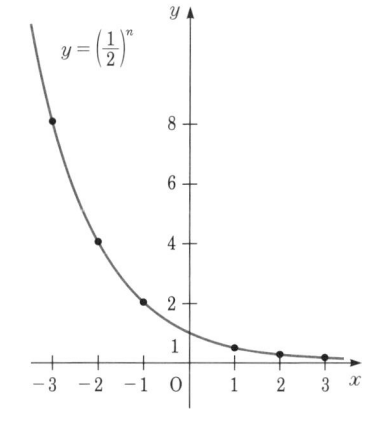

関数 $y = a^x (a > 0)$ を，a を底とする**指数関数**という．

底 a のいろいろな値に対する $y = a^x$ のグラフは，次のようである：

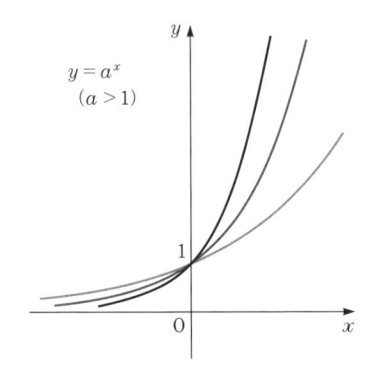

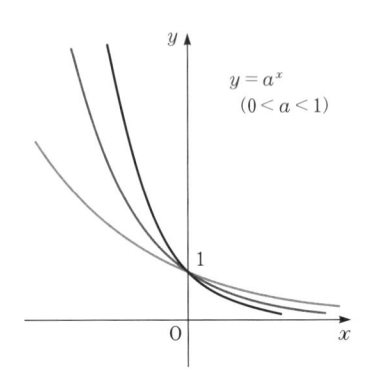

$y = a^x$ $(a > 1)$

$y = a^x$ $(0 < a < 1)$

$a > 1$ のとき，右上りの曲線
$0 < a < 1$ のとき，右下りの曲線

◀ 右上りの関数を**増加関数**という
◀ 右下りの関数を**減少関数**という
◀ $a^0 = 1$

曲線 $y = a^x$ は，どんな a についても，つねに点 $(0, 1)$ を通り，a が大きいほど，速く増加する．

曲線 $y = a^x$ 上の点 $(0, 1)$ における接線の傾きは，a が増えるにつれて増えるので，曲線 $y = a^x$ が，ちょうど，

点 $(0, 1)$ で，$y = x + 1$ に接するような a が，ただ一つだけあるハズ．

このときの a を e とかき，関数

$$y = e^x$$

を，**自然指数関数**または単に**指数関数**という．この e は，じつは，

$$e = 2.718281828 \cdots$$

なる**無理数**であることが知られている．

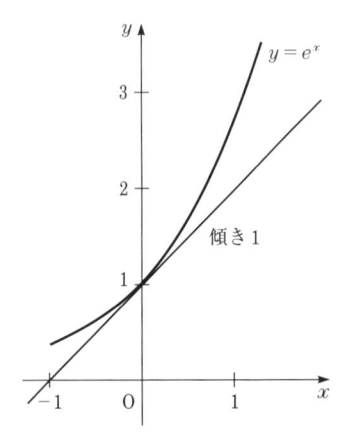

$y = e^x$
傾き 1

◀ 鮒一箸二箸一箸二箸

対数関数

指数関数 $y = a^x \, (a > 0)$ は,

　　$a > 1$ のとき,増加関数
　　$0 < a < 1$ のとき,減少関数

いずれの場合も,正数 M に対して,
$$M = a^P$$
なる P がただ一つだけ必ず存在する.

この P すなわち,$M = a^P$ を,P について解いた形を,
$$P = \log_a M$$
とかき,$\log_a M$ (ログエイエム) などと読む.

たとえば,

$2^3 = 8$ 　だから,$\log_2 8 = 3$

$3^{-2} = \dfrac{1}{9}$ 　だから,$\log_3 \dfrac{1}{9} = -2$

$a^1 = a$ 　だから,$\log_a a = 1$

$a^0 = 1$ 　だから,$\log_a 1 = 0$

=== **Point** ===
a を何乗すれば M になるか?
この「何」を $\log_a M$ とかく:
$$a^{\log_a M} = M$$

けっきょく,指数関数の**逆関数**を考えているのだ.
$$y = a^x$$
の x と y とを交換して,
$$x = a^y$$
これを,y について解いた $y = \cdots$ を,$y = \log_a x$ とかくのである.

指数関数 $y = a^x$ の逆関数を,$y = \log_a x$ とかき,a を底とする**対数関数**という.ただし,$a > 0$,$a \neq 1$.
$$y = \log_a x \iff x = a^y$$

対数関数

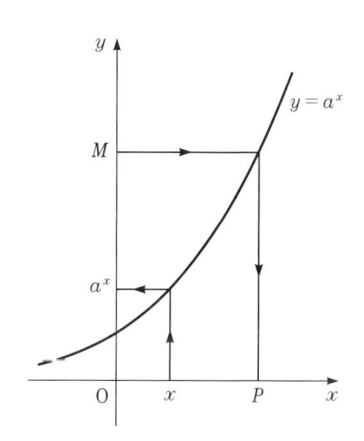

とくに，指数関数 $y = e^x$ の逆関数 $y = \log_e x$ を，**自然対数関数**または単に**対数関数**といい，$\log x$ とかく。　　　　　　　　　　　　◂ 底 e を省略

さて，$y = \log_a x$ と $y = a^x$ のグラフは，直線 $y = x$ に関して対称である：

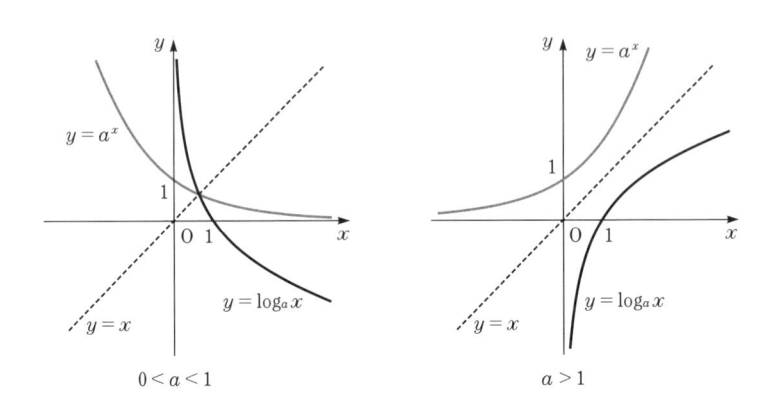

$0 < a < 1$　　　　　　　　　$a > 1$

対数関数の性質

指数法則を log の性質としてかきかえたものが，**対数法則**である．

$a > 0$, $a \neq 1$, $b > 0$, $b \neq 1$, $M, N > 0$ とするとき，

(1) $\log_a MN = \log_a M + \log_a N$

(2) $\log_a \dfrac{M}{N} = \log_a M - \log_a N$

(3) $\log_a M^p = p \log_a M$ 　(p：実数)

(4) $\log_a M = \dfrac{\log_b M}{\log_b a}$ 　[底の変換公式]

対数法則

証明　　$s = \log_a M$, 　$t = \log_a N$
とおけば，
$$M = a^s, \quad N = a^t$$
◂ 対数表示を指数表示へ

（1） $$MN = a^s a^t = a^{s+t}$$ ◀ 指数法則

∴ $\log_a MN = s + t = \log_a M + \log_a N$ ◀ 再び対数表示

（2） $$\frac{M}{N} = \frac{a^s}{a^t} = a^{s-t}$$ ◀ 指数法則

∴ $\log_a \dfrac{M}{N} = s - t = \log_a M - \log_a N$ ◀ 再び対数表示

（3） $$M^p = (a^s)^p = a^{sp} = a^{ps}$$

∴ $\log_a M^p = ps = p \log_a M$

（4） $\log_b M = \log_b a^s = s \log_b a$ ◀ 上の (3) を用いた

$ = \log_a M \cdot \log_b a$

∴ $\log_a M = \dfrac{\log_b M}{\log_b a}$ ◀ できた！

[例]　次の式を簡単にせよ．

（1）　$\log_2 18 + \log_2 24 - 3\log_2 3$

（2）　$\log_2 6 - \log_4 9$

　解　上の公式をフル活用する．

（1）　$\log_2 18 + \log_2 24 - 3\log_2 3 = \log_2 18 + \log_2 24 - \log_2 3^3$

$$= \log_2 \frac{18 \times 24}{3^3}$$

$$= \log_2 \frac{2 \cdot 3^2 \times 2^3 \cdot 3}{3^3}$$ ◀ $\log_2 \dfrac{432}{27}$ としないこと

$$= \log_2 2^4 = 4$$

（2）　$\log_2 6 - \log_4 9 = \log_2 6 - \dfrac{\log_2 9}{\log_2 4}$ ◀ 底を 2 に統一

$ = \log_2 6 - \dfrac{1}{2} \log_2 9$

$ = \log_2 \dfrac{6}{9^{\frac{1}{2}}} = \log_2 2 = 1$

例題 5.1 　　　　　　　　　　　　　　　　　指数計算

次の式を簡単にせよ．

(1) $\left(\dfrac{27}{64}\right)^{\frac{2}{3}}$

(2) $\dfrac{\sqrt{48}}{\sqrt[3]{32}\,\sqrt[6]{18}}$

(3) $\dfrac{(a^{-2}b^{\frac{1}{2}})^2}{(a^2b^{-1})^{-\frac{3}{2}}}$

(4) $\sqrt[4]{a\sqrt[3]{a\sqrt{a}}}$

Point

$a, b > 0$ のとき，

- $a^{x+y} = a^x a^y$
- $a^{xy} = (a^x)^y$
- $(ab)^x = a^x b^x$
- $a^{x-y} = \dfrac{a^x}{a^y}$,　$\left(\dfrac{b}{a}\right)^x = \dfrac{b^x}{a^x}$

$\sqrt[n]{a^m} = a^{\frac{m}{n}}$

How to

a^x の変形

⬇

a を素因数分解せよ！

【解】 上の公式を用いる．

(1) $\left(\dfrac{27}{64}\right)^{\frac{2}{3}} = \left(\left(\dfrac{3}{4}\right)^3\right)^{\frac{2}{3}} = \left(\dfrac{3}{4}\right)^{3\times\frac{2}{3}} = \left(\dfrac{3}{4}\right)^2 = \dfrac{9}{16}$

(2) $\dfrac{\sqrt{48}}{\sqrt[3]{32}\,\sqrt[6]{18}} = (48)^{\frac{1}{2}}(32)^{-\frac{1}{3}}(18)^{-\frac{1}{6}}$

$= (2^4\times 3)^{\frac{1}{2}}(2^5)^{-\frac{1}{3}}(2\times 3^2)^{-\frac{1}{6}}$

$= 2^{\frac{4}{2}-\frac{5}{3}-\frac{1}{6}}\cdot 3^{\frac{1}{2}-\frac{2}{6}}$

$= 2^{\frac{1}{6}}\cdot 3^{\frac{1}{6}}$ ◀ $6^{\frac{1}{6}}$ や $\sqrt[6]{6}$ でもよい

(3) $\dfrac{(a^{-2}b^{\frac{1}{2}})^2}{(a^2b^{-1})^{-\frac{3}{2}}} = (a^{-2}b^{\frac{1}{2}})^2(a^2b^{-1})^{\frac{3}{2}}$

$= (a^{-2})^2(b^{\frac{1}{2}})^2(a^2)^{\frac{3}{2}}(b^{-1})^{\frac{3}{2}}$

$= a^{-2\times 2}b^{\frac{1}{2}\times 2}a^{2\times\frac{3}{2}}b^{-1\times\frac{3}{2}}$

$= a^{-4+3}b^{1-\frac{3}{2}}$

§5 指数関数・対数関数

$$= a^{-1}b^{-\frac{1}{2}} \qquad \blacktriangleleft \frac{1}{a\sqrt{b}} \text{でもよい}$$

(4) $\sqrt[4]{a\sqrt[3]{a\sqrt{a}}} = \sqrt[4]{a\sqrt[3]{a^1 a^{\frac{1}{2}}}}$ ◀ 一番奥から順に変形

$$= \sqrt[4]{a\sqrt[3]{a^{1+\frac{1}{2}}}}$$

$$= \sqrt[4]{a \cdot (a^{\frac{3}{2}})^{\frac{1}{3}}}$$

$$= \sqrt[4]{a^1 \cdot a^{\frac{1}{2}}}$$

$$= \sqrt[4]{a^{1+\frac{1}{2}}}$$

$$= (a^{\frac{3}{2}})^{\frac{1}{4}}$$

$$= a^{\frac{3}{8}} \qquad \blacktriangleleft \sqrt[8]{a^3} \text{でもよい}$$

▶ 注 $\sqrt[4]{a\sqrt[3]{a\sqrt{a}}} = a^{\left(1+\left(1+\frac{1}{2}\right)\frac{1}{3}\right)\frac{1}{4}}$ と計算することもできる.

類題 5.1

次の式を簡単にせよ.

(1) $\left(\dfrac{16}{81}\right)^{\frac{3}{4}}$

(2) $\dfrac{\sqrt{2}}{\sqrt[4]{2}\sqrt[8]{8}}$

(3) $\dfrac{(a^{\frac{1}{2}}b^{-1})^3}{(ab^2)^{\frac{1}{4}}}$

(4) $\sqrt{a\sqrt{a\sqrt{a^3}}}$

━━━ 例題 5.2 ━━━━━━━━━━━━━━━━━━━━━━━━━━━━━━ 対数計算 ━━━

次の式を簡単にせよ．

（1） $2\log_3 6 + \log_3 \dfrac{3}{8} - \log_3 \dfrac{9}{2}$

（2） $\log_2 6 - \dfrac{1}{2}\log_2 9\sqrt{2}$

（3） $\dfrac{\log_4 9}{\log_2 3}$

（4） $2\log_2 12 - \log_4 162$

━━━

━━━ Point ━━━

$M > 0$, $N > 0$ のとき，

- $\log_a M + \log_a N = \log_a MN$
- $\log_a M - \log_a N = \log_a \dfrac{M}{N}$
- $p\log_a M = \log_a M^p$
- $\log_a M = \dfrac{\log_b M}{\log_b a}$　［底の変換公式］

━━━ How to ━━━

$\log_a M$ の変形
⬇
M を素因数分解せよ！

【解】 (1), (2) は，積商ベキの公式．(3), (4) は，底の変換公式．

（1）　$2\log_3 6 + \log_3 \dfrac{3}{8} - \log_3 \dfrac{9}{2}$

$= \log_3\{(2\cdot 3)^2 \times (3\cdot 2^{-3}) \times (3^2\cdot 2^{-1})^{-1}\}$

$= \log_3\{(2^2\cdot 3^2\cdot 3\cdot 2^{-3}\cdot 3^{-2}\cdot 2)\}$

$= \log_3(2^{2-3+1}\cdot 3^{2+1-2}) = \log_3 3 = 1$

（2）　$\log_2 6 - \dfrac{1}{2}\log_2 9\sqrt{2} = \log_2\{2\cdot 3\cdot(3^2\cdot 2^{\frac{1}{2}})^{-\frac{1}{2}}\}$

$\qquad\qquad\qquad\qquad = \log_2\{2^{1+\frac{1}{2}\times\left(-\frac{1}{2}\right)}\cdot 3^{1+2\times\left(-\frac{1}{2}\right)}\}$

$\qquad\qquad\qquad\qquad = \log_2 2^{\frac{3}{4}} = \dfrac{3}{4}$

（3） $\log_4 9 = \dfrac{\log_2 9}{\log_2 4} = \dfrac{\log_2 3^2}{\log_2 2^2} = \dfrac{2\log_2 3}{2\log_2 2} = \log_2 3$

だから,

$$\dfrac{\log_4 9}{\log_2 3} = \dfrac{\log_2 3}{\log_2 3} = 1$$

（4） $2\log_2 12 - \log_4 162$

$= 2\log_2(2^2\cdot 3) - \dfrac{\log_2 162}{\log_2 4}$

$= 2\log_2(2^2\cdot 3) - \dfrac{1}{2}\log_2(2\cdot 3^4)$

$= \log_2\{(2^2\cdot 3)^2\cdot(2\cdot 3^4)^{-\frac{1}{2}}\}$

$= \log_2 2^{\frac{7}{2}}$

$= \dfrac{7}{2}$

> **Remark**
> 公式は正しく！
> $$\dfrac{\log_a M}{\log_a N} = \log_a M - \log_a N$$
> は，重大ミス．

類題 5.2

次の式を簡単にせよ．

（1） $3\log_2 6 + \log_2 \dfrac{4}{3} - \log_2 \dfrac{9}{8}$

（2） $\log_3 9\sqrt{5} - \dfrac{1}{2}\log_3 \dfrac{5}{9}$

（3） $\dfrac{\log_9 16}{\log_3 4}$

（4） $\log_2 12\sqrt{3} - \log_4 54$

===== 例題 5.3 ===== 指数・対数関数のグラフ =====

関数 $y = \log_2 x$ のグラフと，次の関数のグラフの位置関係を述べよ．

（1） $y = \log_2 \dfrac{1}{x}$

（2） $y = \log_{\frac{1}{2}} x$

（3） $y = \log_2(-x)$

（4） $y = 2^x$

● グラフの対称関係

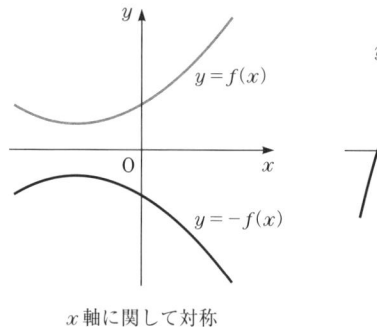

x 軸に関して対称

y 軸に関して対称

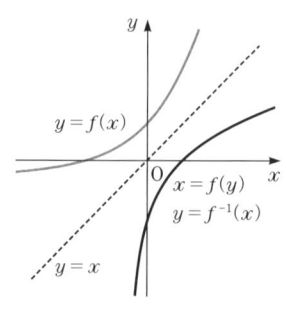

$y = x$ に関して対称

【解】 上の事実による．

（1） $y = \log_2 \dfrac{1}{x} = \log_2 x^{-1} = -\log_2 x$　　　x 軸に関して対称．

（2） $y = \log_{\frac{1}{2}} x = \dfrac{\log_2 x}{\log_2 \frac{1}{2}} = -\log_2 x$　　　x 軸に関して対称．

（3） $y = \log_2(-x)$　　　y 軸に関して対称．

（4） $y = 2^x \iff x = \log_2 y$　　　$y = x$ に関して対称．

各関数のグラフは，次のようになる．

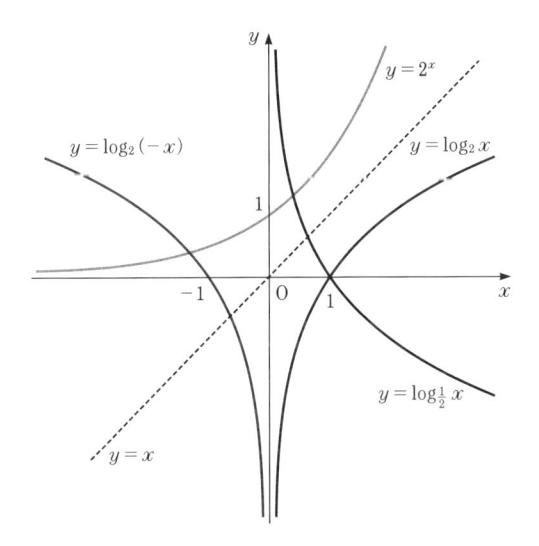

類題 5.3

関数 $y = 2^x$ のグラフと，次の関数のグラフの位置関係を述べよ．

（1） $y = 2^{-x}$

（2） $y = \left(\dfrac{1}{2}\right)^x$

（3） $y = -2^x$

（4） $y = \log_2 x$

§6 三角関数

角の測り方・二つの方法

六十分法 … 分度器で測る
弧度法 … 糸で測る

点 O を中心とする半径 1 の円に糸を巻くとき，円周上の糸の長さが θ ならば，

$$\angle \mathrm{AOP} = \theta \ (\text{ラジアン})$$

という．OP を**動径**という．

糸は何重に巻いてもよく，逆回りに巻いてもよい．したがって，**いくらでも大きな角**や，**負数の角**を考えることもできる．

半円周の長さは，π だから，

$$\pi (\text{ラジアン}) = 180 (\text{度})$$

これより，両者は互いに換算できる．

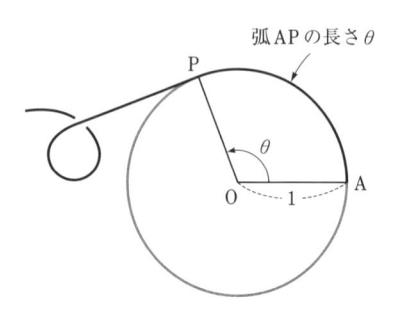

◀ 単位ラジアンは通常略す

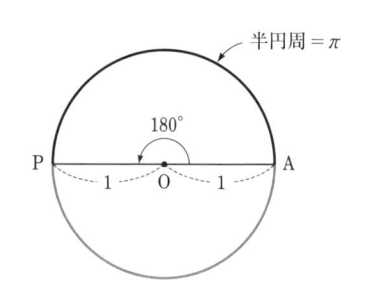

度	0°	30°	45°	60°	90°	120°	150°	180°	270°	360°
ラジアン	0	$\dfrac{\pi}{6}$	$\dfrac{\pi}{4}$	$\dfrac{\pi}{3}$	$\dfrac{\pi}{2}$	$\dfrac{2}{3}\pi$	$\dfrac{5}{6}\pi$	π	$\dfrac{3}{2}\pi$	2π

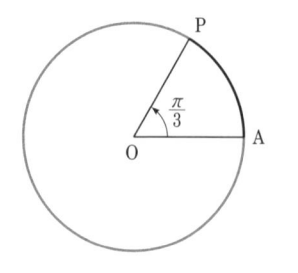

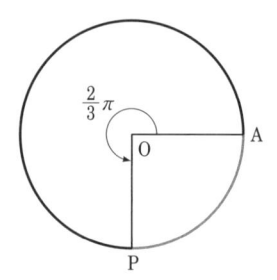

§6 三角関数

[例] 次の角を六十分法で表わし，その動径 OP を図示せよ．

（1）$\dfrac{5}{6}\pi$ 　　　　（2）$\dfrac{13}{6}\pi$ 　　　　（3）$-\dfrac{2}{3}\pi$

解 （1） 150° 　　　　（2） 390° 　　　　（3） −120°

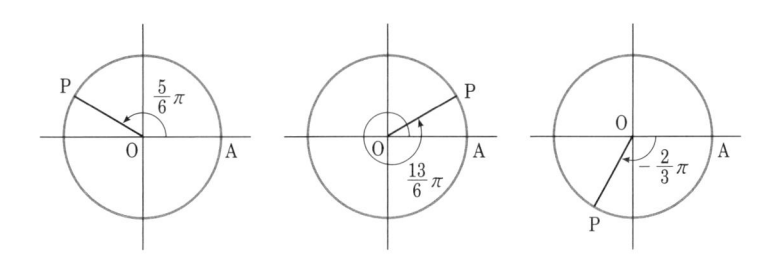

三角関数

cos・sin・tan（順に，コサイン・サイン・タンジェント と読む）は，次のように定義される：

OP と x 軸の正の部分との交角を θ とするとき，

点 P の x 座標を，$\cos\theta$

点 P の y 座標を，$\sin\theta$

とかく．さらに，
$$\tan\theta = \frac{\sin\theta}{\cos\theta}$$
とおく．

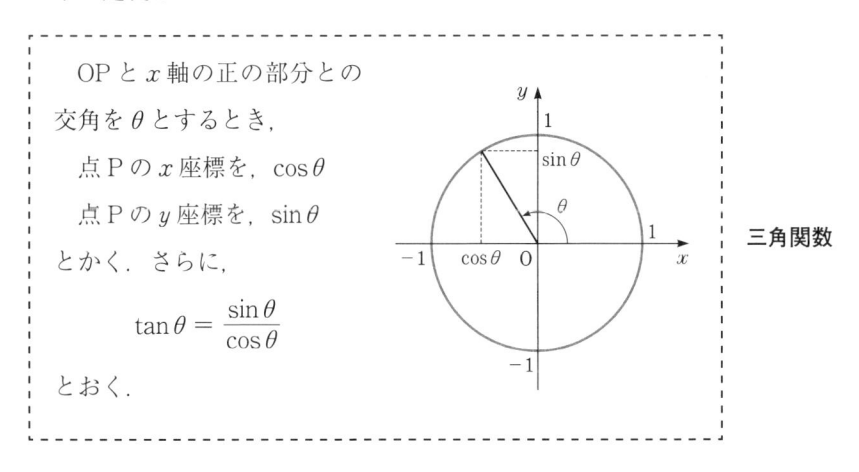

三角関数

さらに，
$$\cot\theta = \frac{\cos\theta}{\sin\theta}, \quad \sec\theta = \frac{1}{\cos\theta}, \quad \operatorname{cosec}\theta = \frac{1}{\sin\theta},$$
とおき，以上6個まとめて，**三角関数** という．

$\dfrac{\pi}{6}$, $\dfrac{\pi}{4}$, $\dfrac{\pi}{3}$ のような**有名角**の cos, sin は，**三角定規を利用**する．

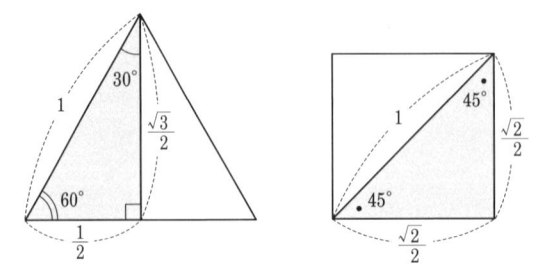

たとえば，

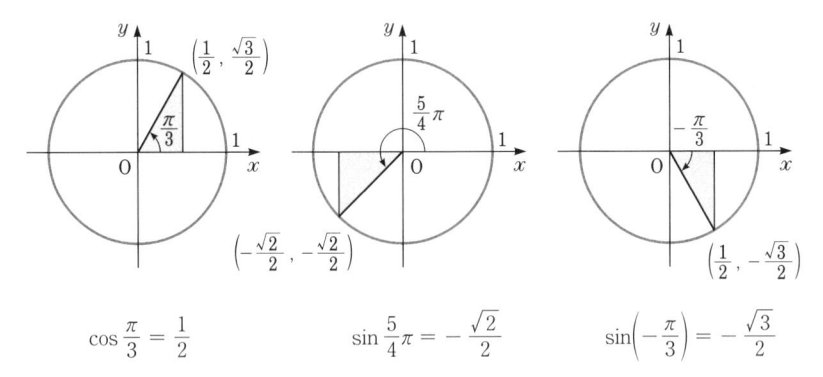

$$\cos\dfrac{\pi}{3}=\dfrac{1}{2} \qquad \sin\dfrac{5}{4}\pi=-\dfrac{\sqrt{2}}{2} \qquad \sin\left(-\dfrac{\pi}{3}\right)=-\dfrac{\sqrt{3}}{2}$$

有名角の cos, sin, tan の値をまとめておこう．

度	0°	30°	45°	60°	90°	180°	270°	360°
ラジアン	0	$\dfrac{\pi}{6}$	$\dfrac{\pi}{4}$	$\dfrac{\pi}{3}$	$\dfrac{\pi}{2}$	π	$\dfrac{3}{2}\pi$	2π
cos	1	$\dfrac{\sqrt{3}}{2}$	$\dfrac{\sqrt{2}}{2}$	$\dfrac{1}{2}$	0	-1	0	1
sin	0	$\dfrac{1}{2}$	$\dfrac{\sqrt{2}}{2}$	$\dfrac{\sqrt{3}}{2}$	1	0	-1	0
tan	0	$\dfrac{\sqrt{3}}{3}$	1	$\sqrt{3}$	$\pm\infty$	0	$\pm\infty$	0

§6 三角関数

cos・sin・tan のグラフ

定義からグラフは，図のようになる：

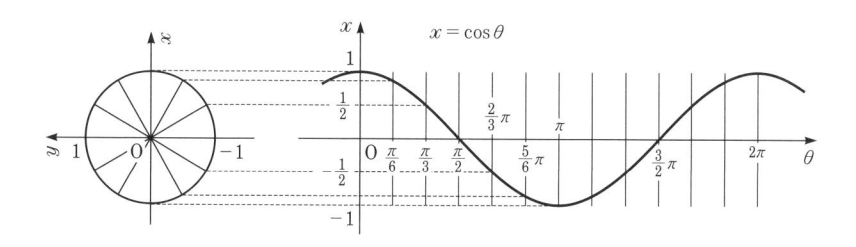

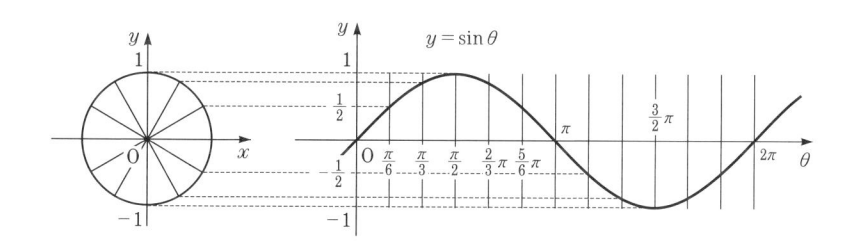

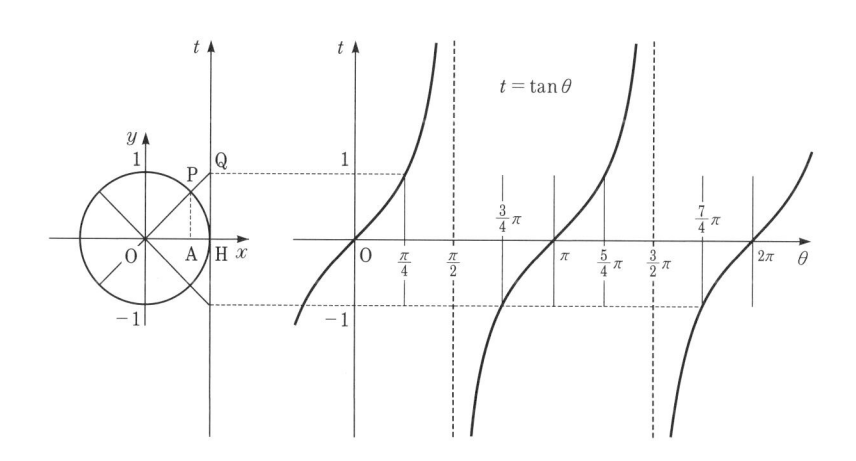

$x = \cos\theta$

$y = \sin\theta$

$t = \tan\theta$

▶注 $\tan\theta = \dfrac{\sin\theta}{\cos\theta} = \dfrac{\text{AP}}{\text{OA}} = \dfrac{\text{HQ}}{\text{OH}} = \text{HQ}$　　($\because$ OH $= 1$)

変数 x が p だけ変わるごとに**同じパターンがくり返される**　　◀ $p > 0$
$$f(x) = f(x+p) = f(x+2p) = \cdots\cdots$$
となる関数を周期 p の**周期関数**といい，最小の周期を**基本周期**または単に**周期**という．$y = \cos x$, $y = \sin x$ は，周期 2π の周期関数である．

● $y = a \sin bx$　　の基本周期は，$\dfrac{2\pi}{b}$.　　◀ $a, b > 0$

$y = a \sin \dfrac{2\pi}{p} x$ の基本周期は，p.　　◀ $a, p > 0$

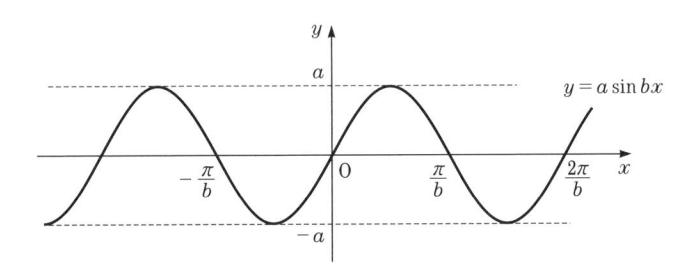

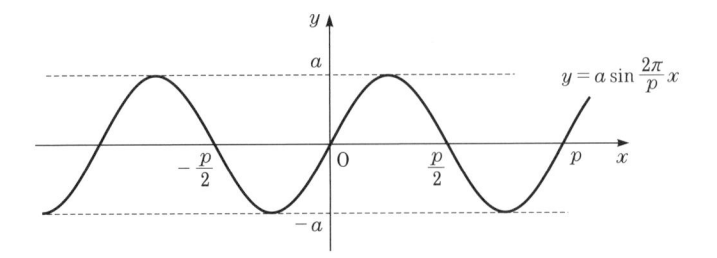

同様に，

$y = a \cos bx$　　の基本周期は，$\dfrac{2\pi}{b}$.

$y = a \cos \dfrac{2\pi}{p} x$ の基本周期は，p.

三角関数の基本公式
● 相互関係

$$\cos^2 x + \sin^2 x = 1$$

◀ 点 $(\cos x, \sin x)$ は円 $x^2 + y^2 = 1$ 上の点

$$\tan x = \frac{\sin x}{\cos x}$$

◀ tan の定義

$$1 + \tan^2 x = \frac{1}{\cos^2 x}$$

◀ $\cos^2 x + \sin^2 x = 1$ の両辺を $\cos^2 x$ で割る

▶ 注 $\cos^2 x$ は, $(\cos x)^2$ の意味.
　　　$\sin^2 x$ は, $(\sin x)^2$ の意味.

● 周期性

$$\cos(x + 2n\pi) = \cos x$$

◀ 360° ごとに同じことのくり返し

$$\sin(x + 2n\pi) = \sin x$$

◀ 360° ごとに同じことのくり返し

$$\tan(x + n\pi) = \tan x$$

◀ 180° ごとに同じことのくり返し

ただし, $n = 0, \pm 1, \pm 2, \cdots\cdots$

● 負角の公式

$$\cos(-x) = \cos x$$
$$\sin(-x) = -\sin x$$
$$\tan(-x) = -\tan x$$

● 余角の公式

◀ $90° - x$ を x の余角（よかく）という

$$\cos\left(\frac{\pi}{2} - x\right) = \sin x$$

◀ cos と sin が入れかわる

$$\sin\left(\frac{\pi}{2} - x\right) = \cos x$$

$$\tan\left(\frac{\pi}{2} - x\right) = \frac{1}{\tan x}$$

たとえば,

$$\cos\left(-\frac{20}{3}\pi\right) = \cos\frac{20}{3}\pi = \cos\left(\frac{2}{3}\pi + \frac{18}{3}\pi\right)$$

$$= \cos\left(\frac{2}{3}\pi + 2\cdot 3\pi\right) = \cos\frac{2}{3}\pi = -\frac{1}{2}$$

● 加法定理

三角関数の公式の多くは，加法定理と相互関係から導かれる．

$$\cos(\alpha \pm \beta) = \underset{\text{コス}}{\cos\alpha} \underset{\text{コス}}{\cos\beta} \underset{\text{マイナス}}{\mp} \underset{\text{サイン}}{\sin\alpha} \underset{\text{サイン}}{\sin\beta} \quad (\text{複号同順})$$

$$\sin(\alpha \pm \beta) = \sin\alpha\cos\beta \pm \cos\alpha\sin\beta \quad (\text{複号同順})$$

$$\tan(\alpha \pm \beta) = \frac{\tan\alpha \pm \tan\beta}{1 \mp \tan\alpha\tan\beta} \quad (\text{複号同順})$$

加法定理

[例] $\cos\dfrac{\pi}{12}$ の値を求めよ． ◀ $\dfrac{\pi}{12} = 15°$

解 $\cos\dfrac{\pi}{12} = \cos\left(\dfrac{\pi}{3} - \dfrac{\pi}{4}\right)$

$= \cos\dfrac{\pi}{3}\cos\dfrac{\pi}{4} + \sin\dfrac{\pi}{3}\sin\dfrac{\pi}{4}$

$= \dfrac{1}{2}\dfrac{\sqrt{2}}{2} + \dfrac{\sqrt{3}}{2}\dfrac{\sqrt{2}}{2} = \dfrac{\sqrt{2}+\sqrt{6}}{4}$

● 二倍角の公式

$$\cos 2\alpha = \cos^2\alpha - \sin^2\alpha = 2\cos^2\alpha - 1 = 1 - 2\sin^2\alpha$$

$$\sin 2\alpha = 2\cos\alpha\sin\alpha$$

$$\tan 2\alpha = \frac{2\tan\alpha}{1-\tan^2\alpha}$$

● 半角の公式

$$\cos^2\dfrac{A}{2} = \dfrac{1}{2}(1+\cos A)$$

$$\sin^2\dfrac{A}{2} = \dfrac{1}{2}(1-\cos A)$$

◀ 二倍角の公式を $\cos^2\alpha$ について解いた式で $\alpha = \dfrac{A}{2}$ とおく．

[例] $\cos\dfrac{\pi}{8}$ の値を求めよ． ◀ $\dfrac{\pi}{8} = 22.5°$

解 $\cos^2\dfrac{\pi}{8} = \cos^2\left(\dfrac{1}{2}\dfrac{\pi}{4}\right) = \dfrac{1}{2}\left(1+\cos\dfrac{\pi}{4}\right)$

$= \dfrac{1}{2}\left(1+\dfrac{\sqrt{2}}{2}\right) = \dfrac{2+\sqrt{2}}{4}$

§6 三角関数

$$\therefore \cos\frac{\pi}{8} = \frac{\sqrt{2+\sqrt{2}}}{2} \qquad \blacktriangleleft \cos\frac{\pi}{8} > 0$$

● **積和公式** ◀ 積を和に変形する公式

$$\cos\alpha\cos\beta = \frac{1}{2}\{\cos(\alpha+\beta) + \cos(\alpha-\beta)\}$$

$$\cos\alpha\sin\beta = \frac{1}{2}\{\sin(\alpha+\beta) - \sin(\alpha-\beta)\}$$

$$\sin\alpha\cos\beta = \frac{1}{2}\{\sin(\alpha+\beta) + \sin(\alpha-\beta)\}$$

$$\sin\alpha\sin\beta = -\frac{1}{2}\{\cos(\alpha+\beta) - \cos(\alpha-\beta)\}$$

● **和積公式** ◀ 和を積に変形する公式

$$\cos A + \cos B = 2\cos\frac{A+B}{2}\cos\frac{A-B}{2}$$

$$\cos A - \cos B = -2\sin\frac{A+B}{2}\sin\frac{A-B}{2}$$

$$\sin A + \sin B = 2\sin\frac{A+B}{2}\cos\frac{A-B}{2}$$

$$\sin A - \sin B = 2\cos\frac{A+B}{2}\sin\frac{A-B}{2}$$

▶ **注　積和公式と和積公式の証明**　加法定理

$$\begin{cases} \cos(\alpha+\beta) = \cos\alpha\cos\beta - \sin\alpha\sin\beta & \cdots\cdots ① \\ \cos(\alpha-\beta) = \cos\alpha\cos\beta + \sin\alpha\sin\beta & \cdots\cdots ② \end{cases}$$

$$\begin{cases} \sin(\alpha+\beta) = \sin\alpha\cos\beta + \cos\alpha\sin\beta & \cdots\cdots ③ \\ \sin(\alpha-\beta) = \sin\alpha\cos\beta - \cos\alpha\sin\beta & \cdots\cdots ④ \end{cases}$$

◀ 符号に注意

において，①±②，③±④ を作ればよい．

　積和公式で，

$$\alpha = \frac{A+B}{2}, \qquad \beta = \frac{A-B}{2}$$

とおけば，**和積公式**が得られる．

[**例**] 次の値を求めよ.

(1) $\cos\dfrac{\pi}{12}\cos\dfrac{5}{12}\pi$

(2) $\sin\dfrac{\pi}{12}+\sin\dfrac{5}{12}\pi$

解 積和公式,和積公式を用いる.

(1) $\cos\dfrac{\pi}{12}\cos\dfrac{5}{12}\pi = \dfrac{1}{2}\left\{\cos\left(\dfrac{\pi}{12}+\dfrac{5}{12}\pi\right)+\cos\left(\dfrac{\pi}{12}-\dfrac{5}{12}\pi\right)\right\}$

$\qquad\qquad\qquad\qquad = \dfrac{1}{2}\left\{\cos\dfrac{\pi}{2}+\cos\left(-\dfrac{\pi}{3}\right)\right\}$

$\qquad\qquad\qquad\qquad = \dfrac{1}{2}\left(0+\cos\dfrac{\pi}{3}\right)=\dfrac{1}{2}\cdot\dfrac{1}{2}=\dfrac{1}{4}$

(2) $\sin\dfrac{\pi}{12}+\sin\dfrac{5}{12}\pi = 2\sin\dfrac{1}{2}\left(\dfrac{\pi}{12}+\dfrac{5}{12}\pi\right)\cos\dfrac{1}{2}\left(\dfrac{\pi}{12}-\dfrac{5}{12}\pi\right)$

$\qquad\qquad\qquad\qquad = 2\sin\dfrac{\pi}{4}\cos\left(-\dfrac{\pi}{6}\right)$

$\qquad\qquad\qquad\qquad = 2\cdot\dfrac{\sqrt{2}}{2}\cdot\dfrac{\sqrt{3}}{2}=\dfrac{\sqrt{6}}{2}$

● **単振動の合成**

$$\cos\alpha = \dfrac{a}{\sqrt{a^2+b^2}}, \quad \sin\alpha = \dfrac{b}{\sqrt{a^2+b^2}}$$

のとき,

$$a\sin x + b\cos x = \sqrt{a^2+b^2}\sin(x+\alpha)$$

▶**注** $r=\sqrt{a^2+b^2}$ とおけば,

$$a = r\cos\alpha, \quad b = r\sin\alpha$$

だから,

$a\sin x + b\cos x = r\cos\alpha\sin x + r\sin\alpha\cos x$

$\qquad\qquad\qquad = r(\sin x\cos\alpha + \cos x\sin\alpha)$

$\qquad\qquad\qquad = r\sin(x+\alpha)$ ◀ 加法定理

§6 三角関数   65

■ Appendix

参考のため，**加法定理の証明**を記しておく．ベクトルを学んでない読者は，とばしてもよい．

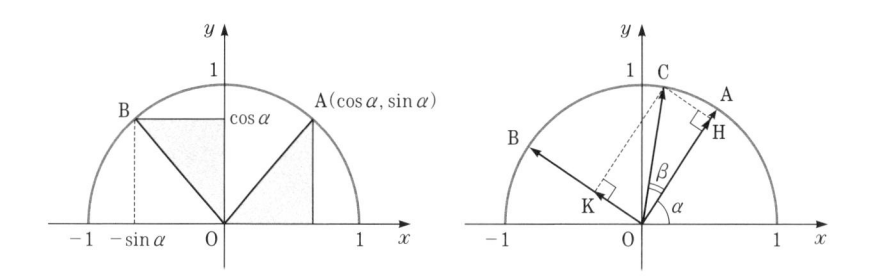

点 A の座標を，A$(\cos\alpha, \sin\alpha)$ とする．

$$\overrightarrow{OA} \text{ を点 O を中心に } 90° \text{ 回転したものを } \overrightarrow{OB},$$
$$\overrightarrow{OA} \text{ を点 O を中心に } \beta \text{ 回転したものを } \overrightarrow{OC}$$

とすれば，

$$B(-\sin\alpha, \cos\alpha), \quad C(\cos(\alpha+\beta), \sin(\alpha+\beta))$$

このとき，

$$\overrightarrow{OC} = \overrightarrow{OH} + \overrightarrow{OK} = \cos\beta \, \overrightarrow{OA} + \sin\beta \, \overrightarrow{OB}$$

成分でかけば，

$$\begin{bmatrix} \cos(\alpha+\beta) \\ \sin(\alpha+\beta) \end{bmatrix} = \cos\beta \begin{bmatrix} \cos\alpha \\ \sin\alpha \end{bmatrix} + \sin\beta \begin{bmatrix} -\sin\alpha \\ \cos\alpha \end{bmatrix}$$

ゆえに，

$$\begin{cases} \cos(\alpha+\beta) = \cos\alpha\cos\beta - \sin\alpha\sin\beta \\ \sin(\alpha+\beta) = \sin\alpha\cos\beta + \cos\alpha\sin\beta \end{cases}$$

◀ 成分で表現

が得られて，めでたく証明完了．この証明は，α, β に何の制限もない**一般角に通用する証明**であることに注意していただきたい．

例題 6.1　　三角関数の値

［１］　次の値を求めよ．

　（１）　$\cos\left(-\dfrac{5}{6}\pi\right)$　　　（２）　$\sin\left(-\dfrac{5}{6}\pi\right)$　　　（３）　$\tan\left(-\dfrac{5}{6}\pi\right)$

［２］　次の等式を満たす x の値を求めよ．

　（１）　$\cos x = -\dfrac{1}{2}$　　$(0 \leqq x \leqq \pi)$

　（２）　$\sin x = \dfrac{\sqrt{2}}{2}$　　$\left(-\dfrac{\pi}{2} \leqq x \leqq \dfrac{\pi}{2}\right)$

【解】　三角関数の定義にもどる．

［１］

Point

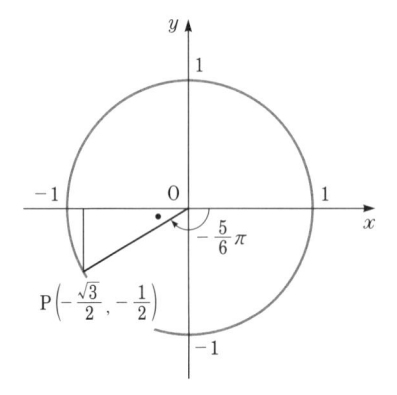

単位円周上で

cos　…　x 座標

sin　…　y 座標

tan　…　$\dfrac{\sin}{\cos}$

◀ 下のような三角定規を考える：

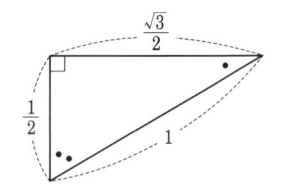

（１）　$\cos\left(-\dfrac{5}{6}\pi\right) = -\dfrac{\sqrt{3}}{2}$

（２）　$\sin\left(-\dfrac{5}{6}\pi\right) = -\dfrac{1}{2}$

（３）　$\tan\left(-\dfrac{5}{6}\pi\right) = \dfrac{\sin\left(-\dfrac{5}{6}\pi\right)}{\cos\left(-\dfrac{5}{6}\pi\right)} = \dfrac{-\dfrac{1}{2}}{-\dfrac{\sqrt{3}}{2}} = \dfrac{1}{\sqrt{3}}$

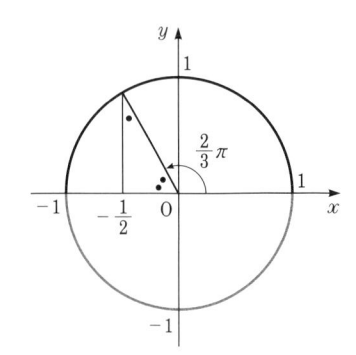

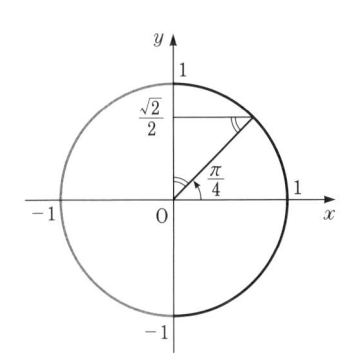

[2]

(1) $x = \dfrac{2}{3}\pi$ (2) $x = \dfrac{\pi}{4}$

◀ 下の 45° 定規を
考える：

Advice
分かりにくければ，
六十分法で考えよう．

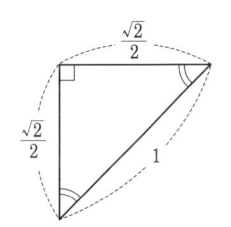

類題 6.1

[1] 次の値を求めよ．

(1) $\cos\dfrac{3}{4}\pi$ (2) $\sin\dfrac{3}{4}\pi$ (3) $\tan\dfrac{3}{4}\pi$

[2] 次の等式を満たす x を求めよ．

(1) $\cos x = -\dfrac{\sqrt{3}}{2}$ $(-\pi \leqq x \leqq \pi)$

(2) $\sin x = -\dfrac{1}{2}$ $\left(-\dfrac{\pi}{2} \leqq x \leqq \dfrac{\pi}{2}\right)$

━━━ 例題 6.2 ━━━━━━━━━━━━━━━━━━ 加法定理とその応用 ━━━

（1） $\tan 75°$ の値を求めよ．

（2） $\sin \alpha = \dfrac{2}{3}$ のとき，$\sin 2\alpha$ の値を求めよ．

　　　ただし，$90° < \alpha < 180°$ とする．

（3） $\cos 75° + \cos 15°$ の値を求めよ．

（4） $\sin x + \sqrt{3}\cos x$ を，$r\sin(x+\alpha)$ の形に変形せよ．

【解】（1） $\tan$ の加法定理による．

$$\tan 75° = \tan(45° + 30°)$$
$$= \frac{\tan 45° + \tan 30°}{1 - \tan 45° \tan 30°}$$
$$= \frac{1 + \dfrac{1}{\sqrt{3}}}{1 - 1 \cdot \dfrac{1}{\sqrt{3}}}$$
$$= \frac{\sqrt{3} + 1}{\sqrt{3} - 1}$$
$$= \frac{(\sqrt{3}+1)(\sqrt{3}+1)}{(\sqrt{3}-1)(\sqrt{3}+1)} = \frac{3 + 2\sqrt{3} + 1}{3-1} = 2 + \sqrt{3}$$

Point
$$\tan(\alpha + \beta) = \frac{\tan\alpha + \tan\beta}{1 - \tan\alpha\tan\beta}$$

◀ $\tan 45° = 1$, $\tan 30° = \dfrac{1}{\sqrt{3}}$

（2） $\cos^2\alpha + \left(\dfrac{2}{3}\right)^2 = 1$ 　　　　　　◀ $\cos^2\alpha + \sin^2\alpha = 1$

$90° < \alpha < 180°$ より，$\cos\alpha < 0$ だから，

$$\cos\alpha = -\sqrt{1 - \left(\frac{2}{3}\right)^2} = -\frac{\sqrt{5}}{3}$$

$$\therefore \quad \sin 2\alpha = 2\cos\alpha\sin\alpha = 2 \cdot \left(-\frac{\sqrt{5}}{3}\right) \cdot \frac{2}{3} = -\frac{4}{9}\sqrt{5}$$

（3） $\cos 75° + \cos 15°$

$$= 2\cos\frac{75° + 15°}{2} \cos\frac{75° - 15°}{2}$$
$$= 2\cos 45° \cos 30°$$

$$\cos A + \cos B$$
$$= 2\cos\frac{A+B}{2}\cos\frac{A-B}{2}$$

§6 三角関数

$$= 2 \cdot \frac{\sqrt{2}}{2} \cdot \frac{\sqrt{3}}{2}$$
$$= \frac{\sqrt{6}}{2}$$

> **Remark**
> 重大ミス
> $\cos 75° + \cos 15° = \cos(75° + 15°)$

（4） $\sin x + \sqrt{3} \cos x$

$$2 \cdot \frac{1}{2} \sin x + 2 \cdot \frac{\sqrt{3}}{2} \cos x \qquad \blacktriangleleft\ 2 = \sqrt{1^2 + (\sqrt{3})^2}$$
$$= 2 \cos 60° \sin x + 2 \sin 60° \cos x$$
$$= 2(\sin x \cos 60° + \cos x \sin 60°)$$
$$= 2 \sin (x + 60°) \qquad \blacktriangleleft\ 加法定理$$

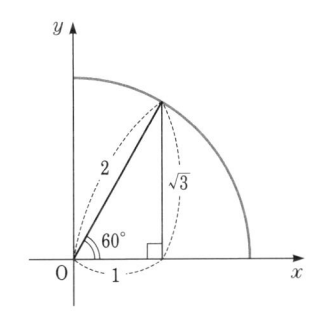

━━━ **類題 6.2** ━━━

（1） $\tan 15°$ の値を求めよ．

（2） $\sin \alpha = \dfrac{3}{5}$ のとき，$\sin 2\alpha$ および $\sin \dfrac{\alpha}{2}$ の値を求めよ．

ただし，$90° < \alpha < 180°$ とする．

（3） $\sin 75° + \sin 15°$ の値を求めよ．

（4） $\sin x + \cos x$ を，$r \sin(x + \alpha)$ の形に変形せよ．

━━━ 例題 6.3 ━━━━━━━━━━━━━━━━━━━ 三角関数のグラフ ━━━

次の関数のグラフをかけ.

(1) $y = 2\cos 3x$ (2) $y = 4\cos\dfrac{2}{3}\pi x$

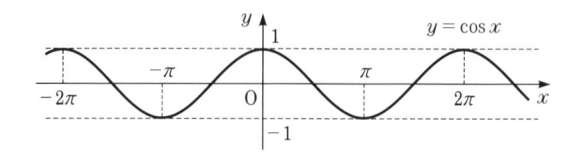

$y = \cos x$ は，基本周期 2π の周期関数 —— これが基本.

━━━ Point ━━━

$y = a\cos kx$ の基本周期は $\dfrac{2\pi}{k}$.

$y = a\cos\dfrac{2\pi}{p}x$ の基本周期は p.

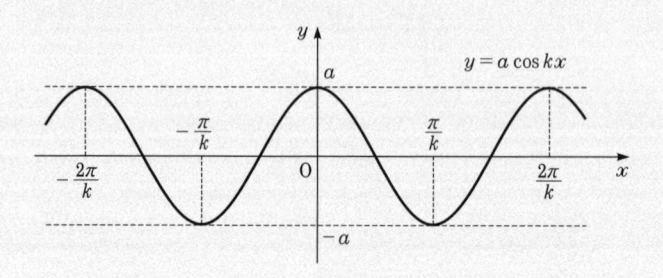

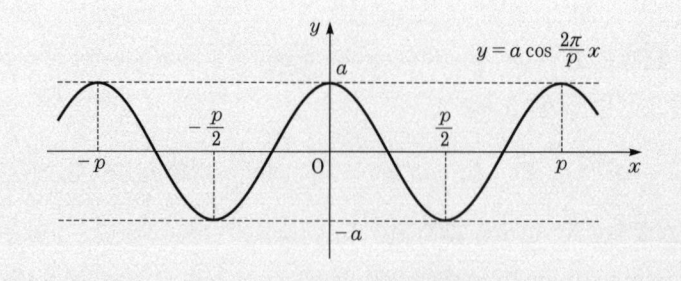

【解】 前ページの Point による.

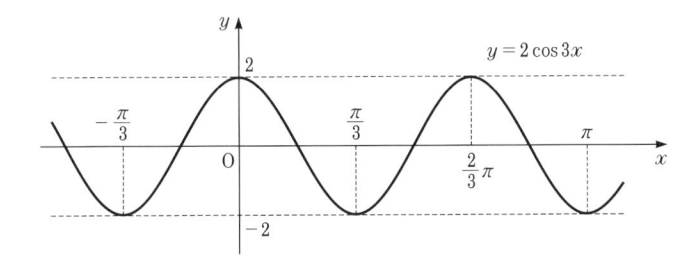

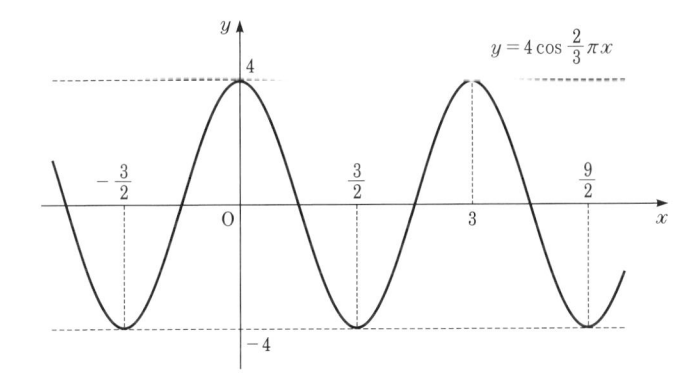

▶注　見やすいように，上の【解】で，(1), (2) および両軸のスケールを変えてある.

� 類題 **6.3** ▰▰▰▰

次の関数のグラフをかけ．

(1)　$y = 2\sin 3x$　　　　　　　　(2)　$y = 4\sin\dfrac{2}{3}\pi x$

補充問題（第2章）

4.1 次の関数のグラフをかけ．

(1) $\dfrac{1}{5}x + \dfrac{1}{3}y = 1$ \quad (2) $y = \dfrac{1}{2}x^2 - x + 1$

(3) $y = -\dfrac{1}{4}x^2 - x$ \quad (4) $xy - x - 2y + 1 = 0$

4.2 次の関数のグラフをかけ．

(1) $y^2 = 4x$ \quad (2) $y = 2\sqrt{x}$

(3) $x^2 + y^2 - 2x - 4y = 0$ \quad (4) $y = 2 - \sqrt{-x^2 + 2x + 4}$

5.1 $\boxed{1}$ 次の値を求めよ．

(1) $125^{\frac{1}{3}}$ \quad (2) $81^{-\frac{1}{4}}$ \quad (3) $32^{-\frac{3}{5}}$

(4) $\left(\dfrac{27}{1000}\right)^{\frac{1}{3}}$ \quad (5) $\left(\dfrac{1}{64}\right)^{-\frac{5}{6}}$ \quad (6) $\left(\dfrac{16}{625}\right)^{-\frac{1}{4}}$

$\boxed{2}$ 次の式を指数を用いて表わせ． ◀（ ）$^\square$ の形に

(1) $\dfrac{1}{\sqrt{x^3}}$ \quad (2) $\sqrt[3]{1+x}$ \quad (3) $\dfrac{1}{\sqrt{x^2+1}}$

$\boxed{3}$ 次の式を簡単にせよ．

(1) $\sqrt{ab^3}\,\sqrt[3]{a^2 b}$ \quad (2) $\dfrac{\sqrt{ab^3}}{\sqrt[3]{a^2 b^5}\,\sqrt[4]{ab}}$

5.2 $\boxed{1}$ 次の指数表示を，対数表示に変えよ．

(1) $2^5 = 32$ \quad (2) $25^{-\frac{1}{4}} = \dfrac{1}{\sqrt{5}}$

(3) $\left(\dfrac{1}{9}\right)^{-\frac{1}{2}} = 3$ \quad (4) $27^{-\frac{1}{6}} = \dfrac{1}{\sqrt{3}}$

補充問題（第2章）

2　次の式を簡単にせよ．

(1) $\log_3 \dfrac{1}{3\sqrt{3}}$ (2) $\log_2 \sqrt[4]{8}$

(3) $2\log_2 \dfrac{2}{3} - \log_2 \dfrac{1}{9}$ (4) $2\log_3 3\sqrt{3} - \dfrac{3}{2}\log_3 \dfrac{1}{9}$

(5) $\log_2 3 \cdot \log_3 4$ (6) $\log_2 3 + \log_4 3$

6.1

1　次の値を求めよ．

(1) $\cos \dfrac{7}{3}\pi,\quad \sin \dfrac{7}{3}\pi,\quad \tan \dfrac{7}{3}\pi$

(2) $\cos\left(-\dfrac{4}{3}\pi\right),\quad \sin\left(-\dfrac{4}{3}\pi\right),\quad \tan\left(-\dfrac{4}{3}\pi\right)$

2　次の等式を満たす x の値を求めよ．

(1) $\cos x = -\dfrac{\sqrt{3}}{2}\quad (-\pi \leqq x \leqq \pi)$

(2) $\tan x = -\dfrac{\sqrt{3}}{3}\quad \left(-\dfrac{\pi}{2} < x < \dfrac{\pi}{2}\right)$

6.2

1　$t = \tan A$ のとき，次の式を簡単にせよ．

(1) $\dfrac{1-t^2}{1+t^2}$ (2) $\dfrac{2t}{1+t^2}$ (3) $\dfrac{2t}{1-t^2}$

2　次の値を求めよ．

(1) $\cos 75° \cos 15°$ (2) $\sin 75° - \sin 15°$

6.3 次の関数のグラフをかけ（$0 \leqq x \leqq 2\pi$）．

(1) $y = \cos x,\quad y = \cos 2x,\quad y = \cos \dfrac{x}{2},\quad y = 2\cos \dfrac{x}{2}$

(2) $y = \sin x,\quad y = \sin 2x,\quad y = \sin \dfrac{x}{2},\quad y = 2\sin \dfrac{x}{2}$

(3) $y = \sin x + \cos x$ ◀ 単振動の合成による

第3章

数列・関数の極限

　長さ1mの紙の半分を切り取ると，$\frac{1}{2}$m残る．その半分を切り取ると$\left(\frac{1}{2}\right)^2$m残る．また，その半分，…をくり返すと，紙はしだいに短くなり，いくらでも0mに近づいていく．しかし，実際に0mになることはない．この**近づく目標**の0mのことを**極限値**という．

　本章では，数列・関数の基本的な極限値を扱い，最終節で，微積分の入口にふれておく．

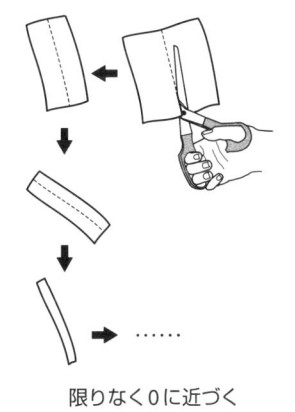

限りなく0に近づく

§7　数列・級数　……………　76
§8　関数の極限値　…………　96
§9　微分積分第一歩　………　106

§7 数列・級数

数 列

正の奇数を1から順に並べると,
$$1, \ 3, \ 5, \ 7, \ 9, \ \cdots\cdots$$
正の整数の2乗を1から順に並べると,
$$1, \ 4, \ 9, \ 16, \ 25, \ \cdots\cdots$$
このようにある規則にしたがって数を順にならべたもの
$$a_1, \ a_2, \ \cdots, \ a_n, \ \cdots\cdots$$
を**数列**といい, はじめから順に, 第1項, 第2項, $\cdots$, 第n項, $\cdots$ という. とくに, 第1項 a_1 を**初項**という.

第n項を**一般項**といい, 一般項が a_n の数列を $\{a_n\}$ とかくことがある. a_n は, n を決めれば定まるから, 自然数 n の関数と考えられる.

[**例**] 次の数列 $\{a_n\}$ の一般項 a_n を求めよ.
(1) $1, \ 3, \ 5, \ 7, \ 9, \ \cdots\cdots$
(2) $1, \ -1, \ 1, \ -1, \ 1, \ \cdots\cdots$

解 (1) $a_n = 2n - 1$
(2) $a_n = (-1)^{n+1}$

▶**注** (2) は, 端的に, 次のようにかいてもよい:
$$a_n = \begin{cases} 1 & (n : 奇数) \\ -1 & (n : 偶数) \end{cases}$$

数列 $\{a_n\}$ に対して,
$$S_n = a_1 + a_2 + \cdots + a_n$$
を, n 項までの**部分和**という. このとき, 明らかに,
$$S_1 = a_1, \quad S_n = S_{n-1} + a_n \qquad \blacktriangleleft n = 2, 3, \cdots$$

等差数列

初項 a に, 次々に一定の数 d を加えて得られる数列

$$a,\ a+d,\ a+2d,\ a+3d,\ \cdots,\ a+(n-1)d,\ \cdots\cdots$$

を，**等差数列**といい，一定の数 d を**公差**という．

初項 a，公差 d の等差数列において，明らかに，

$$a_1 = a, \quad a_n = a + (n-1)d \qquad \blacktriangleleft a+nd\ \text{ではない}$$

この数列の部分和を S_n とすると，

$$S_n = a + (a+d) + (a+2d) + \cdots + a_n \qquad \cdots\cdots\ ①$$
$$S_n = a_n + (a_n-d) + (a_n-2d) + \cdots + a \qquad \cdots\cdots\ ②$$

① + ② より，

$$2S_n = (a+a_n) + (a+a_n) + (a+a_n) + \cdots + (a+a_n)$$

したがって，

$$S_n = \frac{1}{2}n(a+a_n)$$
$$= \frac{n}{2}\{a + (a+(n-1)d)\}$$
$$= \frac{n}{2}\{2a + (n-1)d\}$$

Advice
$$\frac{(初項+末項)\times 項数}{2}$$
と憶えよ．

◀ 部分和の末項とは a_n のこと

[**例**] 次の等差数列の一般項 a_n，部分和 S_n を求めよ．

$$2,\ 5,\ 8,\ 11,\ 14,\ \cdots\cdots$$

解 $a_1 = a = 2,\ d = 3$ は，明らか．

$$a_n = 2 + (n-1)\times 3 = 3n - 1$$
$$S_n = \frac{n}{2}\{2\cdot 2 + (n-1)\times 3\} = \frac{n}{2}(3n+1)$$

等比数列

初項に，次々に一定の数 r を掛けて得られる数列

$$a,\ ar,\ ar^2,\ ar^3,\ \cdots,\ ar^{n-1},\ \cdots\cdots$$

を，**等比数列**といい，一定の数 r を**公比**という．

初項 a，公比 r の等比数列において，明らかに，

$$a_1 = a, \quad a_n = ar^{n-1} \qquad \blacktriangleleft ar^n\ \text{ではない}$$

この数列の部分和を S_n とすると，

$$S_n = a + ar + ar^2 + \cdots + ar^{n-1} \quad \cdots\cdots \text{①}$$
$$rS_n = \quad ar + ar^2 + \cdots + ar^{n-1} + ar^n \quad \cdots\cdots \text{②}$$

①$-$② より,
$$(1-r)S_n = a - ar^n$$

したがって,

- $r \neq 1$ のとき,
$$S_n = \frac{a(1-r^n)}{1-r}$$

- $r = 1$ のとき, ① から,
$$S_n = a + a + \cdots + a = na$$

> **Advice**
> $$\frac{初項 \times (1 - 公比^{項数})}{1 - 公比}$$
> と憶えよ.

[例] 次の等比数列の一般項 a_n, 部分和 S_n を求めよ.
$$2, \ \frac{2}{3}, \ \frac{2}{9}, \ \frac{2}{27}, \ \frac{3}{81}, \ \cdots\cdots$$

解 $a_1 = a = 2$, $r = \frac{1}{3}$ は, 明らか.

$$a_n = 2 \cdot \left(\frac{1}{3}\right)^{n-1} = \frac{2}{3^{n-1}}$$

$$S_n = \frac{2\left\{1 - \left(\frac{1}{3}\right)^n\right\}}{1 - \frac{1}{3}} = 3\left\{1 - \left(\frac{1}{3}\right)^n\right\}$$

Σ 記号

Σ は, Sum (和) の頭文字 S に対応するギリシア文字シグマの大文字であり, 和を簡略に記述するのに用いる.

たとえば,
$$\sum_{k=1}^{n} k^2 \quad \text{は, 「シグマ} \ k^2, \ k = 1 \ \text{から} \ n \ \text{まで」と読む.}$$

▶**注** 部分和の末項に n を使うので, 一般項の文字には k を用いた.

いま，

k^2 で，$k=1$ とおけば，1^2
k^2 で，$k=2$ とおけば，2^2
k^2 で，$k=3$ とおけば，3^2
………………
k^2 で，$k=n$ とおけば，n^2

これらの総和 $1^2+2^2+\cdots+n^2$ を，$\sum\limits_{k=1}^{n} k^2$ とかくのである．

少し例を挙げれば，

$$\sum_{k=1}^{n} k^3 = 1^3+2^3+3^3+\cdots+n^3$$

$$\sum_{k=1}^{n} 2^k = 2^1+2^2+2^3+\cdots+2^n$$

$$\sum_{k=1}^{n} 4 = 4+4+4+\cdots+4$$

一般に，

$$\sum_{k=1}^{n} a_k = a_1+a_2+a_3+\cdots+a_n$$

もちろん，変数は k でなくてもよいし，番号も1番からでなくてもよい：

$$\sum_{i=1}^{n} 3^i = 3^1+3^2+3^3+\cdots+3^n$$

$$\sum_{r=3}^{n+1} r^2 = 3^2+4^2+5^2+\cdots+(n+1)^2$$

次に，$\sum$ の基本性質を述べる． ◀ 基本性質といっても自明に近い

$$\sum_{k=1}^{n}(ax_k+by_k) = a\sum_{k=1}^{n} x_k + b\sum_{k=1}^{n} y_k \qquad \text{Σ の基本性質}$$

これは，次の式変形から明らか：

$$(ax_1+by_1)+(ax_2+by_2)+\cdots+(ax_n+by_n)$$
$$=(ax_1+ax_2+\cdots+ax_n)+(by_1+by_2+\cdots+by_n)$$
$$=a(x_1+x_2+\cdots+x_n)+b(y_1+y_2+\cdots+y_n)$$

[**例**] 次の数列の和を $\sum$ 記号を用いないで表わせ.

(1) $\sum_{k=1}^{5} \sqrt{k}$ 　　　　　　　(2) $\sum_{j=3}^{6}\left(-\dfrac{1}{2}\right)^{j}$

解 (1) $\sum_{k=1}^{5} \sqrt{k} = \sqrt{1} + \sqrt{2} + \sqrt{3} + \sqrt{4} + \sqrt{5}$

(2) $\sum_{j=3}^{6}\left(-\dfrac{1}{2}\right)^{j} = \left(-\dfrac{1}{2}\right)^{3} + \left(-\dfrac{1}{2}\right)^{4} + \left(-\dfrac{1}{2}\right)^{5} + \left(-\dfrac{1}{2}\right)^{6}$ 　◀ ここまでで十分

$\phantom{(2) \sum_{j=3}^{6}\left(-\dfrac{1}{2}\right)^{j}} = -\dfrac{1}{2^{3}} + \dfrac{1}{2^{4}} - \dfrac{1}{2^{5}} + \dfrac{1}{2^{6}}$

[**例**] 次の数列の和を $\sum$ 記号を用いて表わせ. また, その和を求めよ.

(1) $2 + 5 + 8 + 11 + \cdots + 200$

(2) $2 - \dfrac{2}{3} + \dfrac{2}{3^{2}} - \dfrac{2}{3^{3}} + \cdots - \dfrac{2}{3^{99}}$

解 (1) 初項 2, 公差 3 の等差数列の和.

$$a_{k} = 2 + 3(k-1) = 3k - 1$$

$$a_{n} = 3n - 1 = 200 \quad \text{より}, \quad n = 67$$

$$\therefore \quad 2 + 5 + 8 + 11 + \cdots + 200 = \sum_{k=1}^{67}(3k-1)$$

$$\text{和} = \dfrac{(\text{初項} + \text{末項}) \times \text{項数}}{2} = \dfrac{(2 + 200) \times 67}{2} = 6767$$

(2) 初項 2, 公比 $-\dfrac{1}{3}$ の等比数列の和.

$$a_{k} = 2 \cdot \left(-\dfrac{1}{3}\right)^{k-1}$$

$$a_{n} = 2 \cdot \left(-\dfrac{1}{3}\right)^{n-1} = -\dfrac{2}{3^{99}} \quad \text{より}, \quad n = 100$$

$$\text{和} = \dfrac{\text{初項} \times (1 - \text{公比}^{\text{項数}})}{1 - \text{公比}} = \dfrac{2\left\{1 - \left(-\dfrac{1}{3}\right)^{100}\right\}}{1 - \left(-\dfrac{1}{3}\right)}$$

$$\phantom{\text{和}} = \dfrac{3}{2}\left(1 - \dfrac{1}{3^{100}}\right)$$

2乗和・3乗和の公式

> **1°** $\sum_{k=1}^{n} k = 1 + 2 + \cdots + n = \dfrac{1}{2}n(n+1)$
>
> **2°** $\sum_{k=1}^{n} k^2 = 1^2 + 2^2 + \cdots + n^2 = \dfrac{1}{6}n(n+1)(2n+1)$
>
> **3°** $\sum_{k=1}^{n} k^3 = 1^3 + 2^3 + \cdots + n^3 = \left\{\dfrac{n(n+1)}{2}\right\}^2$

◀ 累乗和の公式

証明　1° 初項1, 公差1の等差数列の第 n 項までの和.

2° ほぼ自明な等式

$$(k+1)^3 - k^3 = 3k^2 + 3k + 1$$

で, $k=1$, $k=2$, $\cdots$, $k=n$ とおいて得られる n 個の式

$$2^3 - 1^3 = 3\cdot 1^2 + 3\cdot 1 + 1$$
$$3^3 - 2^3 = 3\cdot 2^2 + 3\cdot 2 + 1$$
$$\cdots\cdots\cdots$$
$$(n+1)^3 - n^3 = 3\cdot n^2 + 3\cdot n + 1$$

を, 辺ごとに加えると,

$$\begin{aligned}(n+1)^3 - 1^3 &= 3(1^2 + 2^2 + \cdots + n^2) \\ &\quad + 3(1 + 2 + \cdots + n) + (1 + 1 + \cdots + 1) \\ &= 3\sum_{k=1}^{n} k^2 + 3\sum_{k=1}^{n} k + n\end{aligned}$$

ゆえに,

$$\begin{aligned}3\sum_{k=1}^{n} k^2 &= (n+1)^3 - 1 - 3\sum_{k=1}^{n} k - n \\ &= (n^3 + 3n^2 + 3n + 1) - 1 - 3\cdot\dfrac{1}{2}n(n+1) - n \\ &= n^3 + 3n^2 + 2n - \dfrac{3}{2}n(n+1) \\ &= n(n+1)(n+2) - \dfrac{3}{2}n(n+1) \\ &= n(n+1)\left(n + \dfrac{1}{2}\right)\end{aligned}$$

◀ 以上, 式変形はスマートに

したがって，
$$\sum_{k=1}^{n} k^2 = \frac{1}{6}n(n+1)(2n+1)$$

3° $(k+1)^4 - k^4 = 4k^3 + 6k^2 + 4k + 1$ を用いて，**2°** と同様に導かれる．

(証明終り)

さらに，次のような美しい公式がある：
$$\sum_{k=1}^{n} k(k+1) = \frac{1}{3}n(n+1)(n+2)$$
$$\sum_{k=1}^{n} k(k+1)(k+2) = \frac{1}{4}n(n+1)(n+2)(n+3)$$

数列の極限

数列 $a_1, a_2, \cdots, a_n, \cdots$ において，番号 n がドンドン大きくなるとき，各項 a_n はどうなっていくか，を考えよう．たとえば，

例 1 $$a_n = \frac{2n+1}{n+2}$$

を考える．

$$\frac{3}{3}, \quad \frac{5}{4}, \quad \frac{7}{5}, \quad \cdots, \quad \frac{201}{102}, \quad \cdots, \quad \frac{20001}{10002}, \quad \cdots$$

n	a_n
1	$1.0000\cdots$
2	$1.2500\cdots$
3	$1.4000\cdots$
$\vdots$	$\vdots$
100	$1.9705\cdots$
$\vdots$	$\vdots$
10000	$1.9997\cdots$
$\vdots$	$\vdots$

こうして調べると，a_n は**一定の値 2 に近づいていく**ことが分かる．

例 2
$$a_n = \frac{1}{2}n + 1$$

について，同様に考えると，

$$\frac{3}{2},\ \frac{4}{2},\ \frac{5}{2},\ \ldots,\ \frac{102}{2},\ \ldots,\ \frac{10002}{2},\ \ldots$$

n	a_n
1	1.5
2	2
3	2.5
⋮	⋮
100	51
⋮	⋮
10000	5001
⋮	

この場合は，n が大きくなると，a_n も**いくらでも大きくなる**．

例 3
$$a_n = 2 + (-1)^n$$

を考えると，

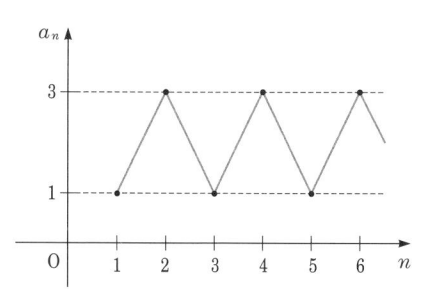

$$1,\ 3,\ 1,\ 3,\ 1,\ 3,\ 1,\ \cdots$$

n	a_n
1	1
2	3
3	1
4	3
5	1
⋮	⋮

この場合，a_n は一定の値に近づくわけでもなく，限りなく大きくなるわけでもない．行く方知らずに**フラフラする**だけである．

以上，代表的な具体例を見たところで，次のように定義する：

> 数列 $\{a_n\}$ において，番号 n が限りなく大きくなるとき，a_n が有限な一定値 α に近づくならば，数列 $\{a_n\}$ は，α に**収束**するといい，近づく目標の値 α を $\{a_n\}$ の**極限値**という．これを，次のように表わす：
> $$\lim_{n\to\infty} a_n = \alpha \quad \text{または} \quad a_n \to \alpha \quad (n\to\infty)$$
> $\{a_n\}$ が収束しないとき，$\{a_n\}$ は**発散**するという．

◁ 数列の収束・発散

▶ **注** $a_n = c$（定数）のとき，$\{a_n\}$ は c に収束するものと考える．

数列 $\{a_n\}$ が発散するとき，次の場合がある：

（1） $n\to\infty$ のとき，a_n が正の無限大（$+\infty$）になる．
（2） $n\to\infty$ のとき，a_n が負の無限大（$-\infty$）になる．
（3） それ以外の場合．$\{a_n\}$ は**振動**するという．

極限値の基本性質

次の性質によって，極限値の計算は，より簡単な数列の極限値の計算に帰着される：

> **Point**
>
> **極限値の基本性質**
>
> $\lim_{n\to\infty} a_n = \alpha,\ \lim_{n\to\infty} b_n = \beta$ のとき，
>
> （1） $\lim_{n\to\infty}(a_n \pm b_n) = \alpha \pm \beta$ （複号同順）
>
> （2） $\lim_{n\to\infty} a_n b_n = \alpha\beta$
>
> （3） $\lim_{n\to\infty} \dfrac{a_n}{b_n} = \dfrac{\alpha}{\beta}$ （$b_n \neq 0,\ \beta \neq 0$）

◁ $\alpha,\ \beta$ は，有限確定値

具体的な極限値の計算にあたって，次の性質は，**基本中の基本**である：

$$1, \frac{1}{2}, \frac{1}{3}, \cdots, \frac{1}{n}, \cdots\cdots \longrightarrow 0$$

Point
$$\lim_{n\to\infty}\frac{1}{n}=0$$

[**例**] 次の数列 $\{a_n\}$ の収束・発散を調べよ．収束するものは，その極限値を求めよ．

(1) $a_n = \dfrac{1}{n^2}$ 　　　　(2) $a_n = 3n - 4$

(3) $a_n = \dfrac{1+(-1)^n}{2}$ 　　(4) $a_n = 1 - \dfrac{1}{2}n$

解 (1) $\displaystyle\lim_{n\to\infty} a_n = \lim_{n\to\infty}\frac{1}{n^2} = 0$ 　**収束**．極限値は，0．

(2) $\displaystyle\lim_{n\to\infty} a_n = \lim_{n\to\infty}(3n-4) = +\infty$ 　**発散**．

(3) $\displaystyle\lim_{n\to\infty} a_n = \lim_{n\to\infty}\frac{1+(-1)^n}{2} = \begin{cases} 0 & (n:\text{奇数}) \\ 1 & (n:\text{偶数}) \end{cases}$ **発散**(振動)

(4) $\displaystyle\lim_{n\to\infty} a_n = \lim_{n\to\infty}\left(1-\frac{1}{2}n\right) = -\infty$ 　**発散**．

[**例**] 次の極限値を求めよ．

(1) $\displaystyle\lim_{n\to\infty}\frac{4n-1}{3n+2}$ 　　　(2) $\displaystyle\lim_{n\to\infty}(\sqrt{n+1}-\sqrt{n})$

解 (1) $\displaystyle\lim_{n\to\infty}\frac{4n-1}{3n+2} = \lim_{n\to\infty}\frac{4-\dfrac{1}{n}}{3+\dfrac{2}{n}} = \frac{4}{3}$

(2) $\displaystyle\lim_{n\to\infty}(\sqrt{n+1}-\sqrt{n}) = \lim_{n\to\infty}\frac{(\sqrt{n+1}-\sqrt{n})(\sqrt{n+1}+\sqrt{n})}{\sqrt{n+1}+\sqrt{n}}$

$\displaystyle\qquad = \lim_{n\to\infty}\frac{1}{\sqrt{n+1}+\sqrt{n}} = 0$

▶**注** $\dfrac{\infty}{\infty}$ や $\dfrac{0}{0}$ を 1 としたり，$\infty - \infty$ を 0 としたりしてはいけない．

$\{r^n\}$ の極限値

例 1 $a_n = \left(\dfrac{1}{2}\right)^n$ のとき：

$$\left(\dfrac{1}{2}\right)^1, \quad \left(\dfrac{1}{2}\right)^2, \quad \cdots, \quad \left(\dfrac{1}{2}\right)^n, \quad \cdots\cdots \longrightarrow 0$$

```
├┼┼┼──┼────┼──────────────┼──────────────────────┤
0  (1/2)⁴ (1/2)³        (1/2)²                   1/2
```

例 2 $a_n = 3^n$ のとき：

$$3^1, \quad 3^2, \quad 3^3, \quad \cdots, \quad 3^n, \quad \cdots\cdots \longrightarrow +\infty$$

例 3 $a_n = (-3)^n$ のとき：

$$-3^1, \quad 3^2, \quad -3^3, \quad 3^4, \quad -3^5, \quad \cdots\cdots \quad \text{振動}$$

以上の例をふまえて，次の**大切な極限値**をまとめておく：

Point

$$\lim_{n\to\infty} r^n = \begin{cases} 0 & (-1 < r < 1) \\ 1 & (r = 1) \end{cases} \Bigg\} 収束 \\ \phantom{\lim_{n\to\infty} r^n = }\begin{cases} +\infty & (r > 1) \\ 振動 & (r \leqq -1) \end{cases} \Bigg\} 発散$$

[例] 次の極限値を求めよ．

(1) $\displaystyle\lim_{n\to\infty} \dfrac{3^{n+1} - 2^n}{3^n}$ (2) $\displaystyle\lim_{n\to\infty} \dfrac{3^{n+1} + 4^n}{3^n}$

解 (1) $\displaystyle\lim_{n\to\infty} \dfrac{3^{n+1} - 2^n}{3^n} = \lim_{n\to\infty}\left\{3 - \left(\dfrac{2}{3}\right)^n\right\} = 3 - 0 = 3$

(2) $\displaystyle\lim_{n\to\infty} \dfrac{3^{n+1} + 4^n}{3^n} = \lim_{n\to\infty}\left\{3 + \left(\dfrac{4}{3}\right)^n\right\} = +\infty$

級　数

数列 $\{a_n\}$ の各項を，初項から順に $+$（プラス）で結んだ形
$$a_1 + a_2 + \cdots + a_n + \cdots \cdots \quad \text{または，} \quad \sum_{n=1}^{\infty} a_n$$
を**級数**という．この級数の初項から第 n 項までの和
$$S_n = a_1 + a_2 + \cdots + a_n = \sum_{k=1}^{n} a_k$$
を，この級数の第 n 項までの**部分和**という．

級数 $\sum_{n=1}^{\infty} a_n$ の部分和の数列 $\{S_n\}$ すなわち，
$$a_1, \quad a_1+a_2, \quad a_1+a_2+a_3, \quad \cdots\cdots$$
が，一定値 S に収束するとき，この級数は**収束**するといい，一定値 S を，この級数の**和**とよぶ．すなわち，
$$S = \sum_{n=1}^{\infty} a_n \iff S = \lim_{n\to\infty} S_n = \lim_{n\to\infty} \sum_{k=1}^{n} a_k$$
$\{S_n\}$ が発散するとき，級数は**発散**するという．

級数の収束・発散

とくに，等比数列 $a, ar, ar^2, \cdots, ar^{n-1}, \cdots\cdots$ から得られる級数
$$a + ar + ar^2 + \cdots + ar^{n-1} + \cdots\cdots$$
を**無限等比級数**といい，a をその**初項**，r を**公比**という．

この収束・発散については，次のようである：

=== Point ===
$$\sum_{n=1}^{\infty} ar^{n-1} = \begin{cases} \dfrac{a}{1-r} & (|r| < 1) \\ 発散 & (|r| \geqq 1) \end{cases}$$
ただし，$a \neq 0$ とする

=== Advice ===
$$\dfrac{初項}{1-公比} \text{ と憶えよ．}$$

━━━ 例題 7.1 ━━━━━━━━━━━━━━━━━━━━━━━━━━━ Σ 記号の用法 ━━━

[1] 次の数列の和を，Σ 記号を用いずに表わせ．

(1) $\sum_{k=1}^{6} \dfrac{1}{k}$ (2) $\sum_{k=3}^{6}(k^2+k)$

(3) $\sum_{k=2}^{5} 3^k$ (4) $\sum_{k=1}^{3} \dfrac{1}{1+2+3+\cdots+k}$

[2] 次の数列の和を，Σ 記号を用いて表わせ．

(1) $1+3+5+7+\cdots+99$

(2) $\dfrac{1}{1^2}+\dfrac{1}{2^2}+\dfrac{1}{3^2}+\cdots+\dfrac{1}{50^2}$

(3) $\dfrac{1}{1\cdot 3}+\dfrac{1}{2\cdot 4}+\dfrac{1}{3\cdot 5}+\cdots+\dfrac{1}{20\cdot 22}$

[3] 次の数列の和を求めよ．

(1) 初項 3，公差 2 の等差数列の第 100 項までの和．

(2) 初項 2，公比 3 の等比数列の第 10 項までの和．

【解】 [1] k の動く範囲を間違わないように．

(1) $\sum_{k=1}^{6} \dfrac{1}{k} = \dfrac{1}{1}+\dfrac{1}{2}+\dfrac{1}{3}+\dfrac{1}{4}+\dfrac{1}{5}+\dfrac{1}{6}$

(2) $\sum_{k=3}^{6}(k^2+k) = (3^2+3)+(4^2+4)+(5^2+5)+(6^2+6)$

(3) $\sum_{k=2}^{5} 3^k = 3^2+3^3+3^4+3^5$

(4) $\sum_{k=1}^{3} \dfrac{1}{1+2+3+\cdots+k} = \dfrac{1}{1}+\dfrac{1}{1+2}+\dfrac{1}{1+2+3}$

[2] まず，一般項を求める．

(1) $1+3+5+7+\cdots+99 = \sum_{k=1}^{50}(2k-1)$

(2) $\dfrac{1}{1^2}+\dfrac{1}{2^2}+\dfrac{1}{3^2}+\cdots+\dfrac{1}{50^2} = \sum_{k=1}^{50} \dfrac{1}{k^2}$

(3) $\dfrac{1}{1\cdot 3}+\dfrac{1}{2\cdot 4}+\dfrac{1}{3\cdot 5}+\cdots+\dfrac{1}{20\cdot 22} = \sum_{k=1}^{20} \dfrac{1}{k(k+2)}$

[3] 和の公式を用いる.

(1) $a_n = 3 + 2(n-1) = 2n+1$, $\quad a_{100} = 201$

$$S_{100} = \frac{(3+201) \times 100}{2} = 10200 \quad \blacktriangleleft \frac{(初項+末項) \times 項数}{2}$$

(2) $S_{10} = \dfrac{2(1-3^{10})}{1-3} = 3^{10} - 1 \quad \blacktriangleleft \dfrac{初項 \times (1-公比^{項数})}{1-公比}$

▶ **注** $3^{10} - 1 = 59048$ であるが,解答は,$3^{10} - 1$ のままでよい.

類題 7.1

[1] 次の数列の和を,$\sum$ 記号を用いずに表わせ.

(1) $\displaystyle\sum_{k=2}^{5} \sqrt{k}$ 　　　　　　(2) $\displaystyle\sum_{k=4}^{7} (k - 3k^2)$

(3) $\displaystyle\sum_{k=3}^{6} \frac{1}{2^k}$ 　　　　　　(4) $\displaystyle\sum_{k=1}^{3} \frac{2^k}{1 \cdot 2 \cdot 3 \cdots k}$

[2] 次の数列の和を,$\sum$ 記号を用いて表わせ.

(1) $6 + 12 + 24 + 48 + \cdots + 768$

(2) $\dfrac{1}{1^3} - \dfrac{1}{2^3} + \dfrac{1}{3^3} - \dfrac{1}{4^3} + \dfrac{1}{5^3} - \cdots - \dfrac{1}{20^3}$

(3) $\dfrac{1}{1 \cdot 2 \cdot 3} - \dfrac{1}{2 \cdot 3 \cdot 4} + \dfrac{1}{3 \cdot 4 \cdot 5} - \cdots + \dfrac{1}{11 \cdot 12 \cdot 13}$

[3] 次の数列の和を求めよ.

(1) 初項 10,公差 -3 の等差数列の第 20 項までの和.

(2) 初項 5,公比 $-\dfrac{1}{2}$ の等比数列の第 10 項までの和.

例題 7.2　　　　　　　　数列の和

次の数列の和を求めよ．

(1) $\sum_{k=1}^{n}(3k-1)$ 　　　　(2) $\sum_{k=1}^{n}(k^2+3k)$

(3) $\sum_{k=1}^{n}\dfrac{1}{k(k+1)}$ 　　　　(4) $\sum_{k=1}^{n}\dfrac{1}{\sqrt{k+1}+\sqrt{k}}$

Point

$$\sum_{k=1}^{n}k=\frac{1}{2}n(n+1),\quad \sum_{k=1}^{n}k^2=\frac{1}{6}n(n+1)(2n+1)$$

【解】(1) $\sum_{k=1}^{n}k$ の公式を用いる．

(2) $\sum_{k=1}^{n}k^2,\ \sum_{k=1}^{n}k$ の公式を用いる．

(3) $\dfrac{1}{k(k+1)}=\dfrac{1}{k}-\dfrac{1}{k+1}$（部分分数分解！）と変形する．

(4) 分母を有理化する．

(1) $\sum_{k=1}^{n}(3k-1)=3\sum_{k=1}^{n}k-\sum_{k=1}^{n}1$

　　　　　　$=3\cdot\dfrac{1}{2}n(n+1)-n$ 　　　◀ $\sum_{k=1}^{n}1=1+1+\cdots+1=n$

　　　　　　$=\dfrac{1}{2}n(3n+1)$

(2) $\sum_{k=1}^{n}(k^2+3k)=\sum_{k=1}^{n}k^2+3\sum_{k=1}^{n}k$

　　　　　　　$=\dfrac{1}{6}n(n+1)(2n+1)+3\cdot\dfrac{1}{2}n(n+1)$

　　　　　　　$=n(n+1)\left\{\dfrac{1}{6}(2n+1)+\dfrac{3}{2}\right\}$

　　　　　　　$=n(n+1)\left(\dfrac{1}{3}n+\dfrac{5}{3}\right)$

　　　　　　　$=\dfrac{1}{3}n(n+1)(n+5)$

(3) $\displaystyle\sum_{k=1}^{n}\dfrac{1}{k(k+1)} = \sum_{k=1}^{n}\left(\dfrac{1}{k}-\dfrac{1}{k+1}\right)$ ◀ この変形がポイント

$= \left(\dfrac{1}{1}-\dfrac{1}{2}\right)+\left(\dfrac{1}{2}-\dfrac{1}{3}\right)+\left(\dfrac{1}{3}-\dfrac{1}{4}\right)+\cdots+\left(\dfrac{1}{n}-\dfrac{1}{n+1}\right)$

$= 1-\dfrac{1}{n+1} = \dfrac{n}{n+1}$ ◀ 途中が気持ちよく消える

(4) $\displaystyle\sum_{k=1}^{n}\dfrac{1}{\sqrt{k+1}+\sqrt{k}}$

$= \displaystyle\sum_{k=1}^{n}(\sqrt{k+1}-\sqrt{k})$

$= (\sqrt{2}-\sqrt{1})+(\sqrt{3}-\sqrt{2})+\cdots+(\sqrt{n+1}-\sqrt{n})$

$= \sqrt{n+1}-1$ ◀ 下記参照

― Advice ―
どんな数列についても和の公式があるわけではない. たとえば,
$$\sum_{k=1}^{n}\sqrt{k} = \sqrt{1}+\sqrt{2}+\cdots+\sqrt{n}$$
を n の式で表わすことはできない.

$$\begin{array}{r}\sqrt{2}-\sqrt{1}\\ \sqrt{3}-\sqrt{2}\\ \sqrt{4}-\sqrt{3}\\ \vdots\\ +\ \sqrt{n+1}-\sqrt{n}\\ \hline \sqrt{n+1}-\sqrt{1}\end{array}$$

類題 7.2

次の数列の和を求めよ.

(1) $\displaystyle\sum_{k=1}^{n}(2k-1)$ (2) $\displaystyle\sum_{k=1}^{n}k(k+1)$

(3) $\displaystyle\sum_{k=1}^{n}\dfrac{1}{(2k-1)(2k+1)}$ (4) $\displaystyle\sum_{k=1}^{n}\dfrac{1}{\sqrt{2k-1}+\sqrt{2k+1}}$

═══ 例題 7.3 ═══════════════════════ 数列の極限値 ═══

次の極限値を求めよ．

(1) $\displaystyle\lim_{n\to\infty}\frac{2n^2+n-3}{3n^2-n+4}$ (2) $\displaystyle\lim_{n\to\infty}\frac{\sqrt{n}}{\sqrt{n}+\sqrt{n+1}}$

(3) $\displaystyle\lim_{n\to\infty}(\sqrt{n^2+1}-n)$ (4) $\displaystyle\lim_{n\to\infty}\frac{2^n+3^n}{5^n}$

(5) $\displaystyle\lim_{n\to\infty}\frac{(-1)^n}{n+1}$ (6) $\displaystyle\lim_{n\to\infty}\sin\frac{n\pi}{2}$

(7) $\displaystyle\lim_{n\to\infty}\frac{1+2+\cdots+n}{n^2}$

【解】 (1) 分母子を n^2 で割る． (2) 分母子を $\sqrt{n}$ で割る．
(3) 分母子に $\sqrt{n^2+1}+n$ を掛ける． (4) 等比数列の極限値の和．
(5) はじめの何項かをかき下す． (6) はじめの何項かをかき下す．
(7) $1+2+\cdots+n$ を一つの式に．

(1) $\displaystyle\lim_{n\to\infty}\frac{2n^2+n-3}{3n^2-n+4}=\lim_{n\to\infty}\frac{2+\dfrac{1}{n}-\dfrac{3}{n^2}}{3-\dfrac{1}{n}+\dfrac{4}{n^2}}=\frac{2}{3}$

(2) $\displaystyle\lim_{n\to\infty}\frac{\sqrt{n}}{\sqrt{n}+\sqrt{n+1}}=\lim_{n\to\infty}\frac{1}{1+\sqrt{1+\dfrac{1}{n}}}=\frac{1}{2}$

(3) $\displaystyle\lim_{n\to\infty}(\sqrt{n^2+1}-n)=\lim_{n\to\infty}\frac{(\sqrt{n^2+1}-n)(\sqrt{n^2+1}+n)}{\sqrt{n^2+1}+n}$

$\displaystyle\qquad\qquad\qquad\qquad=\lim_{n\to\infty}\frac{1}{\sqrt{n^2+1}+n}=0$

(4) $\displaystyle\lim_{n\to\infty}\frac{2^n+3^n}{5^n}=\lim_{n\to\infty}\left\{\left(\frac{2}{5}\right)^n+\left(\frac{3}{5}\right)^n\right\}=0$

(5) 数列を具体的にかいてみると，

$\displaystyle -\frac{1}{2},\ \frac{1}{3},\ -\frac{1}{4},\ \frac{1}{5},\ -\frac{1}{6},\ \cdots\cdots \qquad \therefore\ \lim_{n\to\infty}\frac{(-1)^n}{n+1}=0$

（6） 数列を具体的にかいてみると，

$$1,\ 0,\ -1,\ 0,\ 1,\ 0,\ -1,\ 0,\ 1,\ \cdots\cdots$$

したがって，極限値は存在しない． ◀ 発散(振動)

（7） $\displaystyle\lim_{n\to\infty}\frac{1+2+\cdots+n}{n^2} = \lim_{n\to\infty}\frac{\frac{1}{2}n(n+1)}{n^2}$

$$= \lim_{n\to\infty}\frac{1}{2}\left(1+\frac{1}{n}\right) = \frac{1}{2}$$

Remark

$$\lim_{n\to\infty}\frac{1+2+\cdots+n}{n^2} - \lim_{n\to\infty}\left(\frac{1}{n^2}+\frac{2}{n^2}+\cdots+\frac{n}{n^2}\right)$$
$$= 0+0+\cdots+0+\cdots=0$$

は，**重大ミス**．「和の極限値は，極限値の和」は，**有限和のみ**に有効．

類題 7.3

次の極限値を求めよ．

（1） $\displaystyle\lim_{n\to\infty}\frac{3n^2-2n+5}{4n^2+2n-1}$

（2） $\displaystyle\lim_{n\to\infty}\frac{\sqrt{n+1}}{\sqrt{n}+\sqrt{n+2}}$

（3） $\displaystyle\lim_{n\to\infty}(\sqrt{n+2}-\sqrt{n})$

（4） $\displaystyle\lim_{n\to\infty}\frac{3^n+7^n}{5^n}$

（5） $\displaystyle\lim_{n\to\infty}\frac{1}{n}\sin\frac{n\pi}{2}$

（6） $\displaystyle\lim_{n\to\infty}\cos\frac{n\pi}{2}$

（7） $\displaystyle\lim_{n\to\infty}\frac{1^2+2^2+\cdots+n^2}{n^3}$

例題 7.4 ── 級数の収束・発散

次の級数の収束・発散を調べ，収束するときは，和を求めよ．

(1) $\displaystyle\sum_{n=1}^{\infty}(\sqrt{n+1}-\sqrt{n})$ 　　(2) $\displaystyle\sum_{n=1}^{\infty}\frac{1}{n(n+1)}$

(3) $\displaystyle\sum_{n=0}^{\infty}\frac{n-1}{n+1}$ 　　(4) $\displaystyle\sum_{n=1}^{\infty}\left(\frac{\pi}{3}\right)^n$

(5) $\displaystyle\sum_{n=1}^{n}\frac{3^n+4^n}{5^n}$

Point

1° $S=\displaystyle\sum_{n=1}^{\infty}a_n=\lim_{n\to\infty}S_n\ \left(S_n=\displaystyle\sum_{k=1}^{n}a_k\right)$

$\displaystyle\sum_{n=1}^{\infty}a_n$：収束　$\Longrightarrow\ \displaystyle\lim_{n\to\infty}a_n=0$

$\displaystyle\lim_{n\to\infty}a_n\neq 0\ \Longrightarrow\ \displaystyle\sum_{n=1}^{\infty}a_n$：発散

2° $S=\displaystyle\sum_{n=1}^{\infty}a_n,\ T=\displaystyle\sum_{n=1}^{\infty}b_n$（ともに収束）ならば，

$\displaystyle\sum_{n=1}^{\infty}ca_n=cS$ （c：定数）

$\displaystyle\sum_{n=1}^{\infty}(a_n\pm b_n)=S\pm T$ （複号同順）

◀ $\displaystyle\sum_{n=1}^{\infty}a_n$ が収束してその和が S ならば，
$$a_n=S_n-S_{n-1}$$
より，
$\displaystyle\lim_{n\to\infty}a_n$
$=\displaystyle\lim_{n\to\infty}S_n-\lim_{n\to\infty}S_{n-1}$
$=S-S=0$

▶ 注　1°の逆は成立しない（☞ (1)）：
$\displaystyle\lim_{n\to\infty}(\sqrt{n+1}-\sqrt{n})$
$=\displaystyle\lim_{n\to\infty}\frac{1}{\sqrt{n+1}+\sqrt{n}}$
$=0$

【解】　(1)　S_n の極限を調べる．　(2)　S_n の極限を調べる．
(3)　上の **Point** 1° を利用．　(4)　無限等比級数．$|公比|\leq 1$ か．
(5)　二つの無限等比級数の和で表わす．

(1)　$S_n=(\sqrt{2}-\sqrt{1})+(\sqrt{3}-\sqrt{2})+\cdots+(\sqrt{n+1}-\sqrt{n})$
$=\sqrt{n+1}-1$

∴ $\displaystyle\lim_{n\to\infty}S_n=\lim_{n\to\infty}(\sqrt{n+1}-1)=+\infty$　よって，発散．

（2） $S_n = \dfrac{1}{1\cdot 2} + \dfrac{1}{2\cdot 3} + \cdots + \dfrac{1}{n(n+1)}$

$\qquad\quad = \left(\dfrac{1}{1} - \dfrac{1}{2}\right) + \left(\dfrac{1}{2} - \dfrac{1}{3}\right) + \cdots + \left(\dfrac{1}{n} - \dfrac{1}{n+1}\right)$

$\qquad\quad = 1 - \dfrac{1}{n+1}$

$\qquad \therefore\ \displaystyle\sum_{n=1}^{\infty} \dfrac{1}{n(n+1)} = \lim_{n\to\infty} S_n = \lim_{n\to\infty}\left(1 - \dfrac{1}{n+1}\right) = 1$

（3） $\displaystyle\lim_{n\to\infty} a_n = \lim_{n\to\infty} \dfrac{n-1}{n+1} = 1 \neq 0$　よって，発散．

（4） 公比 $= \dfrac{\pi}{3} = \dfrac{1}{3} \times 3.14\cdots > 1$　よって，発散．

（5） $\displaystyle\sum_{n=1}^{\infty}\left(\dfrac{3}{5}\right)^n = \dfrac{\dfrac{3}{5}}{1 - \dfrac{3}{5}} = \dfrac{3}{2},\quad \sum_{n=1}^{\infty}\left(\dfrac{4}{5}\right)^n = \dfrac{\dfrac{4}{5}}{1 - \dfrac{4}{5}} = 4$

したがって，

$$\sum_{n=1}^{\infty} \dfrac{3^n + 4^n}{5^n} = \sum_{n=1}^{\infty}\left\{\left(\dfrac{3}{5}\right)^n + \left(\dfrac{4}{5}\right)^n\right\}$$

$$= \sum_{n=1}^{\infty}\left(\dfrac{3}{5}\right)^n + \sum_{n=1}^{\infty}\left(\dfrac{4}{5}\right)^n = \dfrac{3}{2} + 4 = \dfrac{11}{2}$$

▮▮▮▮▮ **類題 7.4** ▮▮▮▮▮

次の級数の収束・発散を調べ，収束するときは，和を求めよ．

（1） $\displaystyle\sum_{n=1}^{\infty}(\sqrt{n+1} - \sqrt{n-1})$　　　（2） $\displaystyle\sum_{n=1}^{\infty} \dfrac{1}{n(n+2)}$

（3） $\displaystyle\sum_{n=1}^{\infty} \dfrac{(n+1)(n+3)}{(n+2)(n+4)}$　　　（4） $\displaystyle\sum_{n=1}^{\infty}\left(\dfrac{4}{3}\right)^{\frac{n}{2}}$

（5） $\displaystyle\sum_{n=1}^{\infty} \dfrac{3^{n+1} + 5^{n-1}}{7^n}$

§8 関数の極限値

関数の極限値

前節の数列の極限値に続いて"関数の極限値"を扱う．

> 関数 $f(x)$ において，x が a 以外の値をとりながら，限りなく a に近づくとき，$f(x)$ の値が限りなく一定値 α に近づくならば，この目標の値 α を，$f(x)$ の**極限値**といい，
> $$\lim_{x \to a} f(x) = \alpha \quad \text{または} \quad f(x) \to \alpha \quad (x \to a)$$
> とかく．また，$x \to a$ のとき，$f(x)$ の値が限りなく大きくなるならば，次のようにかく：
> $$\lim_{x \to a} f(x) = +\infty \quad \text{または} \quad f(x) \to +\infty \quad (x \to a)$$

関数の極限値

たとえば，
$$f(x) = x \text{ の整数部分} \quad (x \geqq 0)$$
を考えると，
$$\lim_{x \to 2.5} f(x) = 2$$
である．ところが，

x が右から 1 に近づくとき，
$$f(x) \to 1$$
x が左から 1 に近づくとき，
$$f(x) \to 0$$
目標が**一定値ではない**ので，
$$\lim_{x \to 1} f(x) : \textbf{存在しない．}$$

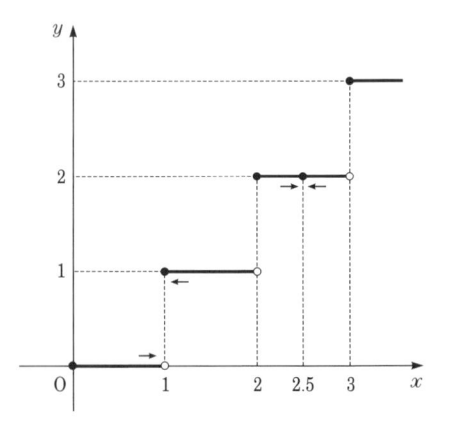

§8 関数の極限値

▶注 一般に，
$x < a$ であって，$x \to a$ のことを，$x \to a - 0$ とかき，
$x > a$ であって，$x \to a$ のことを，$x \to a + 0$ とかく．

$\displaystyle\lim_{x \to a-0} f(x)$ を**左極限値**，$\displaystyle\lim_{x \to a+0} f(x)$ を**右極限値**

という．上の例 $f(x) = x$ の整数部分 については，

$$\lim_{x \to 1-0} f(x) = 0, \quad \lim_{x \to 1+0} f(x) = 1$$

基本極限値

極限値の基本中の基本は，次の公式である：

Point

$\displaystyle\lim_{x \to +0} \frac{1}{x} = +\infty, \quad \lim_{x \to -0} \frac{1}{x} = -\infty$

$\displaystyle\lim_{x \to +\infty} \frac{1}{x} = 0, \quad \lim_{x \to -\infty} \frac{1}{x} = 0$

◀ ここで，
$x \to +0$ は $x \to 0 + 0$ の略
$x \to -0$ は $x \to 0 - 0$ の略

▶注 $x \to +\infty$ は，x が限りなく大きくなることを表わす．
$x \to -\infty$ は，x が負で絶対値が限りなく大きくなることを表わす．

この **Point** を，グラフで示そう．

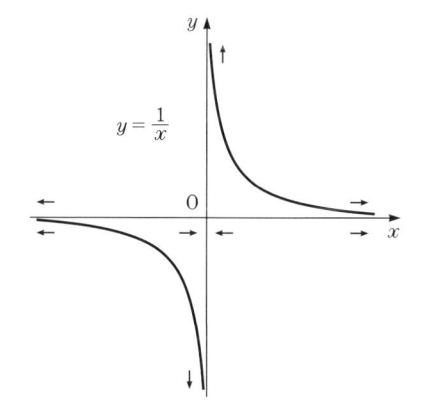

$y = \dfrac{1}{x}$

x	$\dfrac{1}{x}$
0.1	10
0.01	100
0.001	1000
0.0001	10000
⋮	⋮
↓	↓
0	$+\infty$

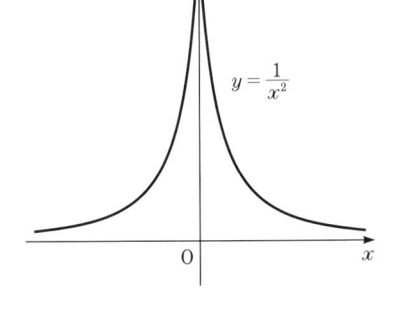

[例] 次の極限値を求めよ．

(1) $\lim_{x \to 0} \dfrac{1}{x^2}$ (2) $\lim_{x \to +\infty} \dfrac{1}{x^2}$ (3) $\lim_{x \to -\infty} \dfrac{1}{x^2}$

解 (1) $x \to 0$ のとき，$x^2 \to +0$ だから，
$$\lim_{x \to 0} \dfrac{1}{x^2} = +\infty$$

(2) $x \to +\infty$ のとき，$x^2 \to +\infty$ だから，
$$\lim_{x \to +\infty} \dfrac{1}{x^2} = 0$$

(3) $x \to -\infty$ のとき，$x^2 \to +\infty$ だから，
$$\lim_{x \to -\infty} \dfrac{1}{x^2} = 0$$

極限値の基本性質

次の性質によって，極限値の計算は，より簡単な関数の極限値の計算に帰着される：

Point

$$\lim_{x \to a} f(x) = \alpha, \quad \lim_{x \to a} g(x) = \beta$$

のとき，
(1) $\lim_{x \to a}(f(x) \pm g(x)) = \alpha \pm \beta$ （複号同順）
(2) $\lim_{x \to a} cf(x) = c\alpha$ （c：定数）
(3) $\lim_{x \to a} f(x)g(x) = \alpha\beta$
(4) $\lim_{x \to a} \dfrac{f(x)}{g(x)} = \dfrac{\alpha}{\beta}$ （$\beta \neq 0$）

◀ α, β は有限確定値 a は $+\infty$ でもよい．

§8 関数の極限値

[**例**] 次の極限値を求めよ.

（1）$\lim_{x \to 2}(x^3 + 3x^2 - 5x)$

（2）$\lim_{x \to +\infty}(x^3 - x^2)$

解 前ページの **Point** の性質を，くり返し用いる.

（1）$\lim_{x \to 2} x^3 = \lim_{x \to 2} x \cdot \lim_{x \to 2} x \cdot \lim_{x \to 2} x = 2 \cdot 2 \cdot 2 = 8$

$\lim_{x \to 2} x^2 = \lim_{x \to 2} x \cdot \lim_{x \to 2} x = 2 \cdot 2 = 4$

ゆえに,

$$\lim_{x \to 2}(x^3 + 3x^2 - 5x) = \lim_{x \to 2} x^3 + 3\lim_{x \to 2} x^2 - 5\lim_{x \to 2} x$$

$$= 8 + 3 \cdot 4 - 5 \cdot 2 = 10$$

（2）$\lim_{x \to +\infty} x^3 = +\infty, \quad \lim_{x \to +\infty} \frac{1}{x} = 0$ だから,

$$\lim_{x \to +\infty}(x^3 - x^2) = \lim_{x \to +\infty} x^3\left(1 - \frac{1}{x}\right) \qquad \blacktriangleleft \text{この変形が大切}$$

$$= \lim_{x \to \infty} x^3\left(1 - \lim_{x \to \infty} \frac{1}{x}\right) = +\infty$$

▶ **注** 上の解答では，極限値の基本性質の使い方を示すため，ていねいにかいたけれども，**自明部分など略記する**のが普通.

Remark

±∞ は数にあらず

この [例] (2) を，次のようにやってはいけない！

$$\lim_{x \to +\infty} x^3 = +\infty, \quad \lim_{x \to +\infty} x^2 = +\infty$$

ゆえに,

$$\lim_{x \to +\infty}(x^3 - x^2) = (+\infty) - (+\infty) = 0$$

指数関数の極限公式

指数関数 $y = a^x (a > 0)$ のグラフは，底 a の値によっていろいろ変わるが，$a^0 = 1$ だから，つねに点 $(0, 1)$ を通る．そこで，ちょうど，

　　点 $(0, 1)$ での接線の傾き $= 1$

であるような底 a を，

$$e$$

とかき，イーと読むのであった．

点 $(0, 1)$ の**ごく近く**では曲線 $y = e^x$ と直線 $y = x + 1$ とは，**ほぼ一致する**：

$$x \fallingdotseq 0 \implies e^x \fallingdotseq 1 + x$$
$$\therefore \quad x \fallingdotseq 0 \implies e \fallingdotseq (1+x)^{\frac{1}{x}}$$

◀ 両辺を $\dfrac{1}{x}$ 乗した

x が 0 に近ければ近いほど $(1+x)^{\frac{1}{x}}$ は，e に近い：

$$\lim_{x \to 0} (1+x)^{\frac{1}{x}} = e$$

x	$(1+x)^{\frac{1}{x}}$
0.1	2.59374 ⋯
0.01	2.70481 ⋯
0.001	2.71692 ⋯
0.0001	2.71814 ⋯
0.00001	2.71826 ⋯
⋮	⋮

これが e の定義である．真の値は，

$$e = 2.718281828459 \cdots\cdots$$

$x \to 0$ が，とくに，

$$1, \ \frac{1}{2}, \ \frac{1}{3}, \ \cdots, \ \frac{1}{n}, \ \cdots \to 0$$

のような近づき方をした場合は，

$$x \to +0 \iff n \to \infty$$

だから，右のようにもかける．

$$\lim_{n \to \infty} \left(1 + \frac{1}{n}\right)^n = e$$

▶ **注** $x \to -0$ に対しても，同様のことが成り立つ．

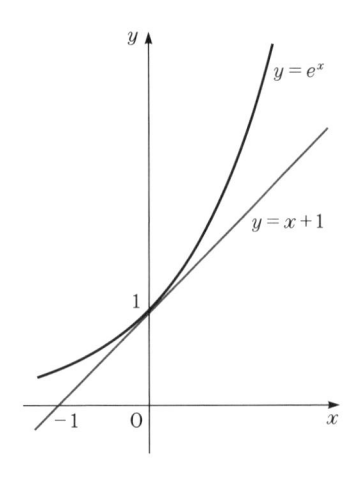

三角関数の極限公式

三角関数の極限公式は，次が基本：

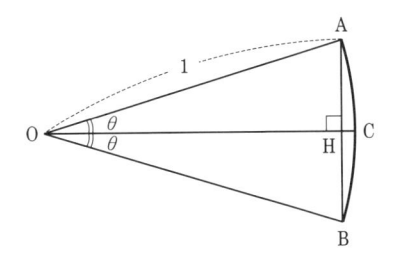

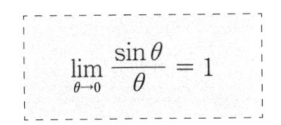

$$\lim_{\theta \to 0} \frac{\sin \theta}{\theta} = 1$$

右上の図で，

弦 $AB = 2AH = 2\sin\theta$

弧 $\overset{\frown}{AB} = 2\overset{\frown}{AH} = 2\theta$

だから，上の極限公式は，

$\theta \fallingdotseq 0 \implies \sin\theta \fallingdotseq \theta$

すなわち，

中心角 $\fallingdotseq 0 \implies$ 弦 $\fallingdotseq$ 弧

を意味する．

θ ラジアン（度）	$\sin\theta$
0.08727　（5°）	0.08716
0.05236　（3°）	0.05234
0.03491　（2°）	0.03490
0.01745　（1°）	0.01745
⋮	⋮

グラフでいえば，
原点 O のごく近くでは，

曲線 $y = \sin x$

直線 $y = x$

は，**ほぼ一致する**ということに他ならない．

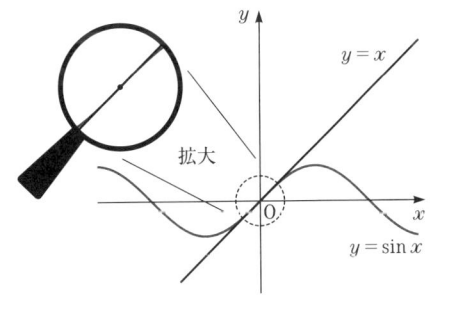

[**例**] 次の極限値を求めよ：

$$\lim_{x \to 0} \frac{\sin 2x}{x}$$

解　$\sin 2x$ だ！ 二倍角の公式だ！ と騒ぐ必要はない．

$$\lim_{x \to 0} \frac{\sin 2x}{x} = \lim_{x \to 0} 2 \cdot \frac{\sin 2x}{2x} \qquad \blacktriangleleft \text{この変形がポイント}$$

$$= 2 \lim_{x \to 0} \frac{\sin 2x}{2x} = 2 \times 1 = 2$$

例題 8.1 ━━━━━━━━━━━━━━━━━━ 関数の極限値・1

次の極限値を求めよ.

(1) $\lim_{x \to 1}(2x^2 - x - 1)$

(2) $\lim_{x \to 1} \dfrac{x^2 + 2x - 3}{2x^2 - x - 1}$

(3) $\lim_{x \to a} \dfrac{x^2 - a^2}{x - a}$

(4) $\lim_{h \to 0} \dfrac{(x+h)^2 - x^2}{h}$

(5) $\lim_{h \to 0} \dfrac{\sqrt{x+h} - \sqrt{x}}{h}$

(6) $\lim_{x \to +\infty}(\sqrt{x+1} - \sqrt{x})$

【解】 (1) $x \to 1$ のとき,$2x^2 \to 2$ だから,
$$\lim_{x \to 1}(2x^2 - x - 1) = 2 - 1 - 1 = 0$$

(2) $x \to 1$ のとき,分母 $\to 0$,分子 $\to 0$ だから,次の変形がポイント.

$$\lim_{x \to 1} \dfrac{x^2 + 2x - 3}{2x^2 - x - 1} = \lim_{x \to 1} \dfrac{(x+3)(x-1)}{(2x+1)(x-1)}$$
$$= \lim_{x \to 1} \dfrac{x+3}{2x+1}$$
$$= \dfrac{1+3}{2+1} = \dfrac{4}{3}$$

◀ $x - 1$ で約分

(3) $x^2 - a^2$ を因数分解.

$$\lim_{x \to a} \dfrac{x^2 - a^2}{x - a} = \lim_{x \to a} \dfrac{(x-a)(x+a)}{x - a}$$
$$= \lim_{x \to a}(x + a) = 2a$$

(4) $(x+h)^2$ を展開する.

$$\lim_{h \to 0} \dfrac{(x+h)^2 - x^2}{h} = \lim_{h \to 0} \dfrac{(x^2 + 2hx + h^2) - x^2}{h}$$
$$= \lim_{h \to 0}(2x + h) = 2x$$

(5) 次の変形がポイント:

$$\lim_{h \to 0} \frac{\sqrt{x+h} - \sqrt{x}}{h}$$
$$= \lim_{h \to 0} \frac{(\sqrt{x+h} - \sqrt{x})(\sqrt{x+h} + \sqrt{x})}{h(\sqrt{x+h} + \sqrt{x})}$$
$$= \lim_{h \to 0} \frac{(x+h) - x}{h(\sqrt{x+h} + \sqrt{x})}$$
$$= \lim_{h \to 0} \frac{1}{\sqrt{x+h} + \sqrt{x}} = \frac{1}{2\sqrt{x}}$$

(6) 次の変形がポイント:
$$\lim_{x \to +\infty} (\sqrt{x+1} - \sqrt{x})$$
$$= \lim_{x \to +\infty} \frac{(\sqrt{x+1} - \sqrt{x})(\sqrt{x+1} + \sqrt{x})}{\sqrt{x+1} + \sqrt{x}}$$
$$= \lim_{x \to +\infty} \frac{(x+1) - x}{\sqrt{x+1} + \sqrt{x}}$$
$$= \lim_{x \to +\infty} \frac{1}{\sqrt{x+1} + \sqrt{x}} = 0$$

How to

$\dfrac{0}{0}$ 型の極限値

約分できる形に変形せよ！

Remark

$+\infty$ は数にあらず

$$\lim_{x \to +\infty} (\sqrt{x+1} - \sqrt{x})$$
$$= (+\infty) - (+\infty) = 0$$

は，**重大ミス**．

類題 8.1

次の極限値を求めよ．

(1) $\displaystyle\lim_{x \to 2}(3x^2 - 4x + 5)$

(2) $\displaystyle\lim_{x \to -1} \frac{2x^2 - x - 3}{x^2 - 3x - 4}$

(3) $\displaystyle\lim_{x \to a} \frac{x^3 - a^3}{x - a}$

(4) $\displaystyle\lim_{h \to 0} \frac{(x+h)^3 - x^3}{h}$

(5) $\displaystyle\lim_{h \to 0} \frac{\dfrac{1}{x+h} - \dfrac{1}{x}}{h}$

(6) $\displaystyle\lim_{x \to +0} (\sqrt{x^2 + x} - x)$

例題 8.2 ─── 関数の極限値・2

次の極限値を求めよ.

(1) $\displaystyle\lim_{n\to\infty}\left(1+\frac{1}{2n}\right)^n$

(2) $\displaystyle\lim_{x\to 0}\left(1+\frac{x}{2}\right)^{\frac{1}{x}}$

(3) $\displaystyle\lim_{x\to 0}\frac{\sin\beta x}{\sin\alpha x}$

(4) $\displaystyle\lim_{x\to 0}x\sin\frac{1}{x}$

【解】 公式が使える形に変形する.

(1) $\displaystyle\left(1+\frac{1}{2n}\right)^n=\left\{\left(1+\frac{1}{2n}\right)^{2n}\right\}^{\frac{1}{2}}$

ところで, { } の中味は,

$$\lim_{n\to\infty}\left(1+\frac{1}{2n}\right)^{2n}=e$$

だから,

$$\lim_{n\to\infty}\left(1+\frac{1}{2n}\right)^n=e^{\frac{1}{2}}=\sqrt{e}$$

$$\lim_{\blacksquare\to\infty}\left(1+\frac{1}{\blacksquare}\right)^{\blacksquare}=e$$

3 個の ■ は同じ式

(2) $\displaystyle\lim_{x\to 0}\left(1+\frac{x}{2}\right)^{\frac{1}{x}}$

$\displaystyle=\lim_{x\to 0}\left\{\left(1+\frac{x}{2}\right)^{\frac{2}{x}}\right\}^{\frac{1}{2}}$

$=e^{\frac{1}{2}}=\sqrt{e}$

$$\lim_{\square\to 0}(1+\square)^{\frac{1}{\square}}=e$$

(3) $\displaystyle\lim_{x\to 0}\frac{\sin\beta x}{\sin\alpha x}$

$\displaystyle=\lim_{x\to 0}\frac{\beta}{\alpha}\frac{\sin\beta x}{\beta x}\frac{\alpha x}{\sin\alpha x}$

$\displaystyle=\lim_{x\to 0}\frac{\beta}{\alpha}\frac{\dfrac{\sin\beta x}{\beta x}}{\dfrac{\sin\alpha x}{\alpha x}}=\frac{\beta}{\alpha}$

$$\lim_{\bigstar\to 0}\frac{\sin\bigstar}{\bigstar}=1$$

(4) つねに, $-1\leqq\sin\dfrac{1}{x}\leqq 1$ だから,

$$-|x| \leqq \left|x \sin \frac{1}{x}\right| \leqq |x|$$

◀ $|A|$ は A の絶対値

ここで，
$$\lim_{x \to 0}(-|x|) = 0$$
$$\lim_{x \to 0}|x| = 0$$
だから，
$$\lim_{x \to 0}\left|x \sin \frac{1}{x}\right| = 0$$
ゆえに，
$$\lim_{x \to 0} x \sin \frac{1}{x} = 0$$

> **Point**
> **ハサミウチの原理**
> $$\begin{cases} g(x) \leqq f(x) \leqq h(x) \\ \lim_{x \to a} g(x) = \lim_{x \to a} h(x) = \alpha \end{cases}$$
> ならば，
> $$\lim_{x \to a} f(x) = \alpha$$

◀ $|f(x)| \to 0 \iff f(x) \to 0$

類題 8.2

次の極限値を求めよ．

(1) $\displaystyle\lim_{n \to \infty}\left(1 + \frac{3}{n}\right)^n$

(2) $\displaystyle\lim_{x \to 0}(1 - x)^{\frac{1}{x}}$

(3) $\displaystyle\lim_{x \to 0}\frac{\tan x}{x}$

(4) $\displaystyle\lim_{x \to +0} \sin \frac{1}{x}$

§9 微分積分第一歩

微分法の発想

一点の近くで，曲線を接線で代用しよう

これが，微分法の基本思想である．

むずかしい関数 $y = f(x)$ を，一点 A の近くで，この世で一番やさしい 1 次関数で近似しようというのだ．

点 A を通る直線は無数にあるけれど，この中で，曲線にピッタリ寄り添っている"接線"が，曲線に対する**最良近似直線**なのである．

点 A のごく近くでは，曲線と接線とは，ほとんど区別がつかない．**丸い地球も住むときゃ平ら**，なのだ．

次に，この接線について述べよう．

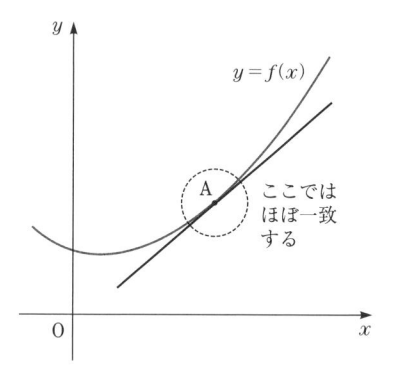

微分係数・接線

いま，$x = a$ の近くにおける関数 $y = f(x)$ の変化の状況を調べよう．

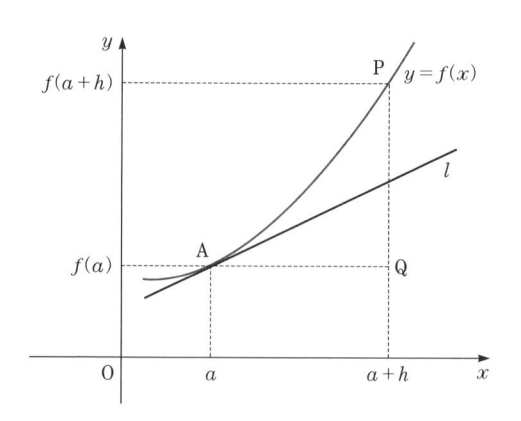

§9 微分積分第一歩

x が, a から $a+h$ まで変化するとき,
y は, $f(a)$ から $f(a+h)$ まで変化する.

このとき, x の変化高 h と y の変化高 $f(a+h) - f(a)$ との比を考えよう：

$$\frac{f(a+h) - f(a)}{h} = \frac{\mathrm{PQ}}{\mathrm{AQ}} = \text{直線 AP の傾き}$$

ここで, x の変化高 h を限りなく 0 に近づけると, 点 P は曲線 $y = f(x)$ に沿って点 A に限りなく近づく. このとき, 上の

$$\frac{f(a+h) - f(a)}{h}$$

が, 一定値 α に近づくならば, 直線 AP は, 点 A を通り傾き α の定直線 l に近づく.

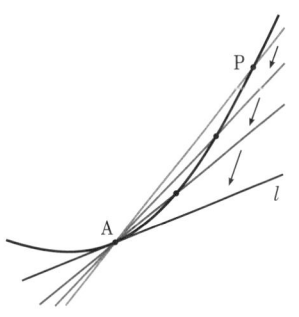

この極限値 α を, 関数 $f(x)$ の $x = a$ における**微分係数**といい $f'(a)$ とかく.

また, 定直線 l を, 曲線 $y = f(x)$ の点 A における**接線**という.

関数 $y = f(x)$ において,

$$f'(a) = \lim_{h \to 0} \frac{f(a+h) - f(a)}{h}$$

を, 関数 $f(x)$ の $x = a$ における**微分係数**という.

曲線 $y = f(x)$ 上の点 $(a, f(a))$ における接線は,

$$y = f'(a)(x - a) + f(a)$$

微分係数

接　　線

▶ **注** $a + h = x$ とおけば, $h = x - a$ であり,

$$h \to 0 \iff x \to a$$

だから, 次のようにもかける：

$$f'(a) = \lim_{x \to a} \frac{f(x) - f(a)}{x - a}$$

◀ $f'(a)$ の別表現

[例] $y = f(x) = x^2$ について,
(1) $x = 1$ における微分係数 $f'(1)$ を求めよ.
(2) 曲線 $y = x^2$ 上の点 $(1, 1)$ における接線の方程式を求めよ.

解 (1) 定義に忠実に.
$$f'(1) = \lim_{h \to 0} \frac{(1+h)^2 - 1^2}{h}$$
$$= \lim_{h \to 0}(2 + h) = 2$$

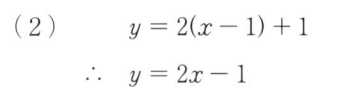

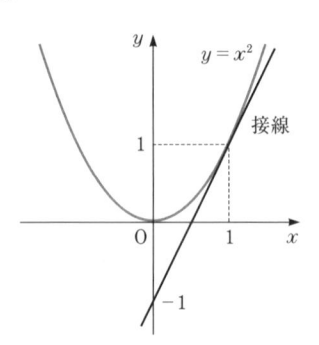

(2) $y = 2(x - 1) + 1$
∴ $y = 2x - 1$

> 点 (a, b) を通り,傾き m の直線
> $$y = m(x - a) + b$$

導関数

関数 $y = f(x) = x^2$ の $x = a$ における微分係数は,
$$f'(a) = \lim_{h \to 0} \frac{(a+h)^2 - a^2}{h}$$
$$= \lim_{h \to 0}(2a + h) = 2a$$

a が決まれば,$f'(a)$ が決まる.そこで,x のいろいろな値 a に微分係数 $f'(a)$ を対応させる関数を,$y = f(x)$ の**導関数**とよび,

$$f'(x), \quad y', \quad \frac{dy}{dx}$$

などとかく.$f'(x)$ を求めることを,$f(x)$ を**微分する**という.

a	$\cdots$	-1	0	1	2	3	$\cdots$
$f'(a)$	$\cdots$	-2	0	2	4	6	$\cdots$

> $$f'(x) = \lim_{h \to 0} \frac{f(x+h) - f(x)}{h}$$

[例] $y = f(x) = x^3$ を微分せよ.

解 $f'(x) = \lim_{h \to 0} \frac{(x+h)^3 - x^3}{h} = \lim_{h \to 0}(3x^2 + 3hx + h^2) = 3x^2$

この結果を,$(x^3)' = 3x^2$ とかくことがある.

同様にして，次が得られる：

$(x^n)' = nx^{n-1}$ ◀ n が前へ出て肩が1だけ減る

じつは，この公式は，一般化され，どんな実数 α についても，次が成立することが知られている：

Point

$(x^\alpha)' = \alpha x^{\alpha-1}$ （α：すべての実数）

たとえば，

$$(\sqrt{x})' = (x^{\frac{1}{2}})' = \frac{1}{2}x^{\frac{1}{2}-1} = \frac{1}{2}x^{-\frac{1}{2}} = \frac{1}{2\sqrt{x}}$$

$$\left(\frac{1}{x}\right)' = (x^{-1})' = -1 \cdot x^{-1-1} = -x^{-2} = -\frac{1}{x^2}$$

$$(c)' = (cx^0)' = c \cdot 0 x^{0-1} = 0 \quad (c：定数) \quad ◀ x^0 = 1$$

和差積商の導関数

次の性質によって，導関数の計算は，より簡単な導関数の計算に帰着される：

Point

（1） $(f(x) \pm g(x))' = f'(x) \pm g'(x)$ （複号同順）

（2） $(cf(x))' = cf'(x)$ （c：定数）

（3） $(f(x)g(x))' = f'(x)g(x) + f(x)g'(x)$

（4） $\left(\dfrac{f(x)}{g(x)}\right)' = \dfrac{f'(x)g(x) - f(x)g'(x)}{(g(x))^2}$

たとえば，

$$\begin{aligned}(4x^3 + 5x^2)' &= (4x^3)' + (5x^2)' \\ &= 4(x^3)' + 5(x^2)' \\ &= 4 \cdot 3x^2 + 5 \cdot 2x \\ &= 12x^2 + 10x\end{aligned}$$

$$\left(\frac{x^2+1}{x^3+2}\right)' = \frac{(x^2+1)'(x^3+2)-(x^2+1)(x^3+2)'}{(x^3+2)^2}$$

$$= \frac{2x(x^3+2)-(x^2+1)\cdot 3x^2}{(x^3+2)^2} \quad \blacktriangleleft (\text{定数})'=0$$

$$= \frac{-x^4-3x^2+4x}{(x^3+2)^2}$$

指数関数・対数関数の導関数

指数関数 $f(x)=e^x$ を微分しよう．

e の特徴は，曲線 $y=f(x)=e^x$ の点 $(0,1)$ における接線の傾き1ということだった：

$$f'(0) = \lim_{h\to 0}\frac{e^{0+h}-e^0}{h} = 1$$

より，次の大切な性質が得られる：

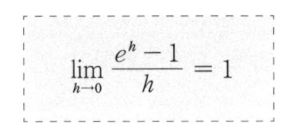

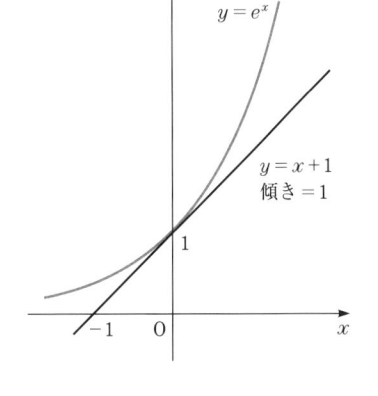

$$\lim_{h\to 0}\frac{e^h-1}{h}=1$$

この公式を用いて，$f'(x)=e^x$ の導関数は，

$$f'(x) = \lim_{h\to 0}\frac{e^{x+h}-e^x}{h} = \lim_{h\to 0}\frac{e^x e^h - e^x}{h} \quad \blacktriangleleft 指数法則$$

$$= e^x \lim_{h\to 0}\frac{e^h-1}{h}$$

$$= e^x \cdot 1 = e^x$$

したがって，

$$(e^x)' = e^x$$

次に，対数関数 $f(x)=\log x$ を微分しよう．

> **Advice**
> $(x^n)'=nx^{n-1}$ の類推で
> $$(e^x)' = xe^{x-1}$$
> は，**重大ミス**．

$$f'(x) = \lim_{h \to 0} \frac{\log(x+h) - \log x}{h}$$

$$= \lim_{h \to 0} \frac{1}{h} \log \frac{x+h}{x} \qquad \blacktriangleleft \log M - \log N = \log \frac{M}{N}$$

$$= \lim_{h \to 0} \log \left(1 + \frac{h}{x}\right)^{\frac{1}{h}} \qquad \blacktriangleleft p \log M = \log M^p$$

$$= \lim_{h \to 0} \log \left\{\left(1 + \frac{h}{x}\right)^{\frac{x}{h}}\right\}^{\frac{1}{x}} \qquad \blacktriangleleft (1 + \blacksquare)^{\frac{1}{\blacksquare}} \text{ の形に}$$

$$= \log e^{\frac{1}{x}} \qquad \blacktriangleleft \{\ \ \} \text{ の中味} \to e$$

$$= \frac{1}{x} \qquad \blacktriangleleft \log_a a^p = p$$

以上の結果をまとめておく:

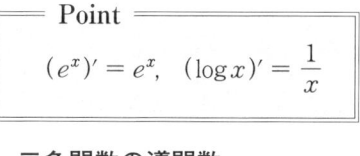

> **Point**
> $(e^x)' = e^x, \quad (\log x)' = \frac{1}{x}$

◀ e^x は微分して
も変わらない!

三角関数の導関数

まず, $f(x) = \cos x$ を微分しよう.

$$f'(x) = \lim_{h \to 0} \frac{\cos(x+h) - \cos x}{h}$$

$$= \lim_{h \to 0} \frac{-2 \sin \frac{(x+h)+x}{2} \sin \frac{(x+h)-x}{2}}{h} \qquad \blacktriangleleft \text{和積公式}$$

$$= \lim_{h \to 0} \frac{-2 \sin \frac{2x+h}{2} \sin \frac{h}{2}}{h}$$

$$\boxed{\begin{array}{l} \cos A - \cos B \\ = -2 \sin \dfrac{A+B}{2} \sin \dfrac{A-B}{2} \end{array}}$$

$$= \lim_{h \to 0} \left(-\sin \frac{2x+h}{2} \cdot \frac{\sin \frac{h}{2}}{\frac{h}{2}}\right) \qquad \blacktriangleleft \frac{\sin \blacksquare}{\blacksquare} \text{ の形に}$$

$$= -\sin \frac{2x}{2} \cdot 1$$

$$= -\sin x$$

したがって，
$$(\cos x)' = -\sin x$$
同様にして，
$$(\sin x)' = \cos x$$
最後に，$f(x) = \tan x$ を微分しよう．
$$\begin{aligned}
f'(x) = (\tan x)' &= \left(\frac{\sin x}{\cos x}\right)' \\
&= \frac{(\sin x)' \cos x - \sin x (\cos x)'}{\cos^2 x} \quad \text{◀ 商の導関数} \\
&= \frac{\cos x \cos x - \sin x (-\sin x)}{\cos^2 x} \\
&= \frac{\cos^2 x + \sin^2 x}{\cos^2 x} \\
&= \frac{1}{\cos^2 x}
\end{aligned}$$

以上の結果をまとめておく：

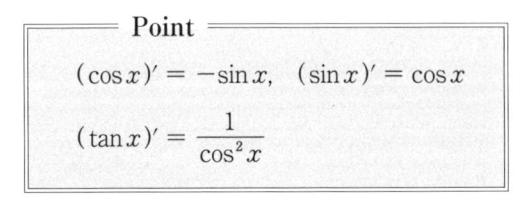

Point

$(\cos x)' = -\sin x, \quad (\sin x)' = \cos x$

$(\tan x)' = \dfrac{1}{\cos^2 x}$

Advice 記憶法

$\sin \to \cos \to -\sin \to -\cos \to \sin$（微分する）

▶ 注 $(\tan x)' = \sec^2 x$ とも表わせる．

関数の増減

曲線 $y = f(x)$ は，$x = a$ の近くでは，点 $(a, f(a))$ における接線によって近似されるのだった．したがって，微分係数 $f'(a)$ すなわち接線の傾きによって，関数 $f(x)$ の変化の状況が分かる．

§9 微分積分第一歩   113

（ｉ） $f'(a) > 0$ のとき：

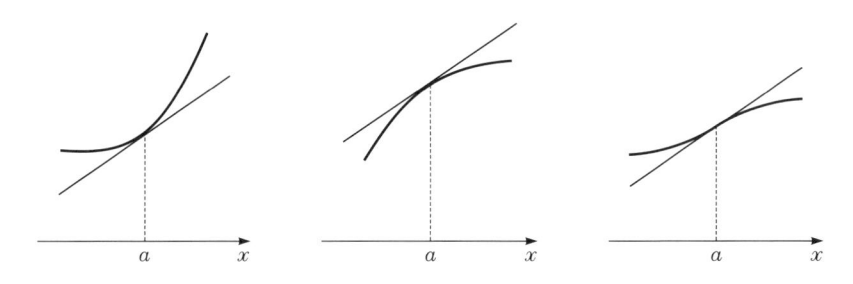

$$f'(a) > 0 \implies f(x) \text{ は, } x = a \text{ で増加状態}$$

▶ **注** $f(x)$ は $x = a$ で**増加状態** $\iff \begin{cases} x < a \implies f(x) < f(a) \\ x > a \implies f(x) > f(a) \end{cases}$

（ⅱ） $f'(a) < 0$ のとき：

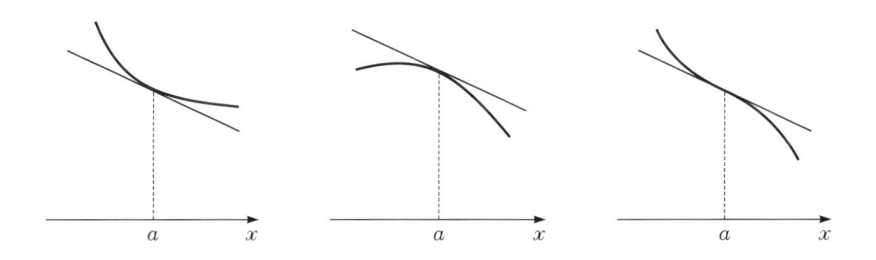

$$f'(a) < 0 \implies f(x) \text{ は, } x = a \text{ で減少状態}$$

（ⅲ） $f'(a) = 0$ のとき：

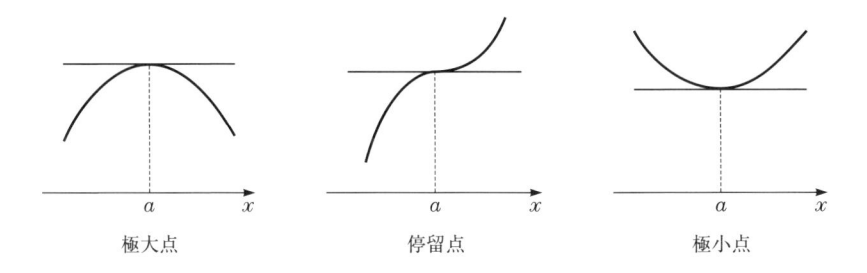

極大点   停留点   極小点

▶ **注** $x=a$ の**近く**で、　　　　　　　　　　◀ a の左右両側を考える
　　　　$f(x)$ は $x=a$ で**極大** $\iff$ $x \neq a$ のとき、$f(x) < f(a)$
　　　　$f(x)$ は $x=a$ で**極小** $\iff$ $x \neq a$ のとき、$f(x) > f(a)$

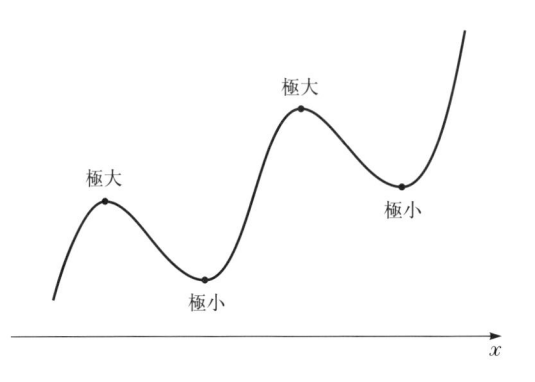

Advice

極大極小は，**局所的性質**だから，極小値 > 極大値 にもなりうる．

[**例**] 次の関数の増減を調べて，グラフの概形をかけ：
$$y = x^3 + 3x^2 - 4$$

解　$y = x^3 + 3x^2 - 4$
　　　$y' = 3x^2 + 6x = 3x(x+2)$

したがって，与えられた関数の変化は，下表(これを**増減表**という)のようになる：

x	$\cdots$	-2	$\cdots$	0	$\cdots$
y'	$+$	0	$-$	0	$+$
y	↗	極大	↘	極小	↗

ゆえに，与えられた関数のグラフは，右図のようになる．

How to

関数のグラフ

増減表をかけ！

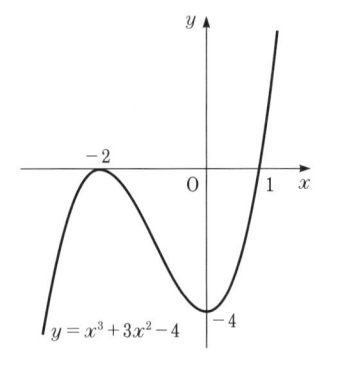

定積分

曲線 $y = f(x)$, x 軸, 2 直線 $x = a$, $x = b$ で囲まれた部分の面積をモデルにして,

$$\text{関数 } f(x) \text{ の区間 } a \leqq x \leqq b \text{ における定積分}$$

を考える.

区間 $a \leqq x \leqq b$ 内に, 分点 $a_0, a_1, a_2, \cdots, a_n$:
$$a = a_0 < a_1 < a_2 < \cdots < a_n = b$$
をとり, 区間 $a \leqq x \leqq b$ を, n 個の小区間に分割する: ◀ 等分割でなくてもよい
$$a_0 \leqq x \leqq a_1, \quad a_1 \leqq x \leqq a_2, \quad \cdots, \quad a_{n-1} \leqq x \leqq a_n$$

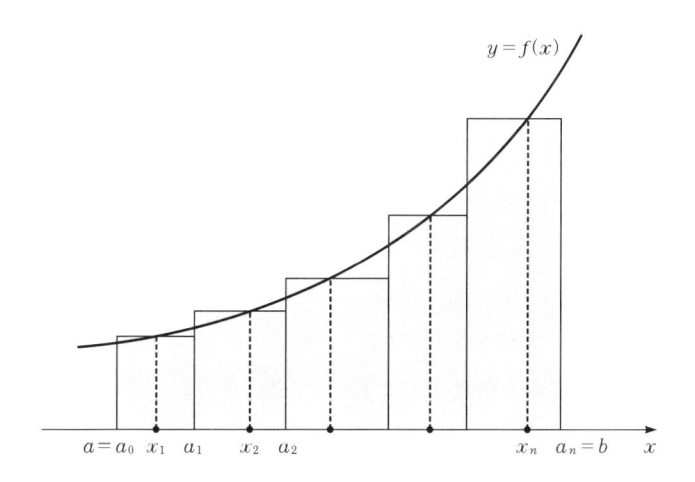

これらの各小区間から,

$$\text{代表点 } x_k \quad (a_{k-1} \leqq x_k \leqq a_k) \qquad \blacktriangleleft k = 1, 2, \cdots, n$$

をとり, 面積の**近似和**(小長方形の面積 $f(x_k) \times (a_k - a_{k-1})$ の総和)を作る:
$$S_n = f(x_1)(a_1 - a_0) + \cdots + f(x_n)(a_n - a_{n-1})$$

いま, 各小区間の幅 $a_k - a_{k-1}$ ($k = 1, 2, \cdots, n$) が, すべて 0 に近づくように, 分割を細かく, $n \to \infty$ とする.

このとき, 分点 $a_0, a_1, \cdots, a_n$ や代表点 $x_1, x_2, \cdots, x_n$ の**選び方にかかわ**

らず近似和 S_n が一定値に近づくならば，この極限値を，関数 $f(x)$ の区間 $a \leqq x \leqq b$ における**定積分**または単に**積分**といい，
$$\int_a^b f(x)\,dx$$
とかき，これを，$\underset{\text{インテグラル}}{\text{integral}} a$ から b まで $\underset{\text{エフエックス・ディーエックス}}{f(x)\,dx}$ とよむ．

このとき，a を積分の**上端**，b を**下端**という．

いま，下端 < 上端 の場合を考えたが，下端 ≧ 上端 の場合は，
$$\int_a^b f(x)\,dx = -\int_b^a f(x)\,dx, \qquad \int_a^a f(x)\,dx = 0$$
と規約する．

▶ **注**　定積分は，積分変数(横軸の名前)に依らない：
$$\int_a^b f(x)\,dx = \int_a^b f(t)\,dt = \int_a^b f(u)\,du = \cdots$$

不定積分

定積分の値を，その定義(近似和の極限をとること)から直接計算することは，一般には，不可能に近い．

そこで，実用的な計算法を考える．

いま，関数 $f(t)$ の a から x までの定積分は，x の値によって決まるから，**上端 x の関数**である：
$$F(x) = \int_a^x f(t)\,dt$$

この積分は，上端がフラフラ動くので，$f(t)$ の**不定積分**という．

この不定積分は，次の注目すべき性質をもっている：

$$F'(x) = \frac{d}{dx}\int_a^x f(t)\,dt = f(x)$$

不定積分の性質

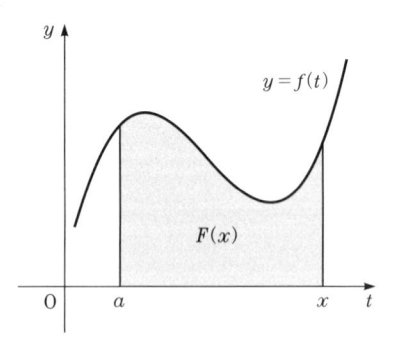

§9 微分積分第一歩

すなわち，$f(t)$ の不定積分を微分するともとの関数 $f(x)$ にもどるのである． ◀ 関数は「対応の規則」．変数によらない

ここに，微分と積分の**逆関係**が得られたのである．

次に，上の事実を証明しよう．

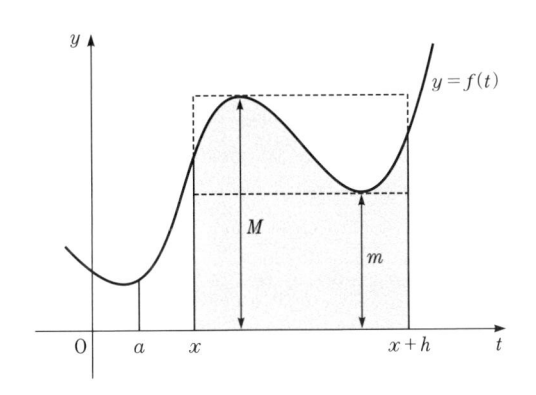

$F'(x)$ の定義式

$$F'(x) = \lim_{h \to 0} \frac{F(x+h) - F(x)}{h}$$

の分子 $F(x+h) - F(x)$ は，上図の灰色地の部分の面積．

$x, x+h$ を両端とする区間における関数 $f(t)$ の最大値を M，最小値を m とすれば，図形の包含関係から，

$$mh \leqq F(x+h) - F(x) \leqq Mh$$

$$\therefore \quad m \leqq \frac{F(x+h) - F(x)}{h} \leqq M \quad \cdots\cdots\cdots (*)$$

ここで，$h \to 0$ という $\lim$ を考えれば，

$$m \to f(x), \quad M \to f(x)$$

となるから，(*) の三つの式は，みんな仲良く $f(x)$ に近づく：

$$F'(x) = \lim_{h \to 0} \frac{F(x+h) - F(x)}{h} = f(x) \quad \text{◀ ハサミウチの原理}$$

こうして，めでたく証明が完了した．

▶ **注** じつは，以上の証明は，関数 $f(t)$ が**連続関数のときに限って**通用するのである．ちなみに，「極限値＝関数値」のとき，すなわち，

$$f(x) \text{ は } x = a \text{ で}\textbf{連続} \iff \lim_{x \to a} f(x) = f(a)$$

さらに，ある区間のすべての点で関数 $f(x)$ が連続であるとき，その区間で $f(x)$ は**連続**というのである．

また，微分して $f(x)$ になる関数を $f(x)$ の**原始関数**という：

$$F(x) \text{ は } f(x) \text{ の原始関数} \iff f(x) \text{ は } F(x) \text{ の導関数}$$

したがって，連続関数に限っていえば，高校数学のように，不定積分と原始関数は同義語である．しかし，諸君が学ぼうとする大学での数学では，もっと広い範囲の関数の積分を扱う．

原始関数

$$(x^3)' = 3x^2, \quad (x^3 + 1)' = 3x^2, \quad (x^3 - 10)' = 3x^2, \quad \cdots\cdots$$

であるから，$x^3, x^3 + 1, x^3 - 10, \cdots\cdots$，一般に，$x^3 + C$（$C$：定数）は，$3x^2$ の原始関数である．

このように，原始関数は，たくさんある．といっても，やたらな関数ではなく，$F(x)$ が $f(x)$ の一つの原始関数のとき，他の原始関数は，

$$F(x) + C \quad (C：定数)$$

という形になっている．

微積分学の基本定理

いま，$F(x)$ を $f(x)$ の任意の原始関数とすれば，

$$F(x) = \int_a^x f(t)\,dt + C \qquad \blacktriangleleft \int_a^x f(t)\,dt \text{ は一つの原始関数}$$

とかける．この等式で，$x = a$ および，$x = b$ とおいてみると，

$$F(a) = \int_a^a f(t)\,dt + C = C \qquad \blacktriangleleft \int_a^a f(t)\,dt = 0$$

$$F(b) = \int_a^b f(t)\,dt + C$$

したがって，

$$\int_a^b f(t)\,dt = F(b) - F(a)$$

この結果を**微積分学の基本定理**ということがある：

> a, b を含む一つの区間で，$F'(x) = f(x)$ ならば
> $$\int_a^b f(x)\,dx = F(b) - F(a)$$

微積分学の基本定理

▶ 注 $F(b) - F(a)$ を，$\Big[F(x)\Big]_a^b$ とかくことがある．また，原始関数には，定数項を含まない，もっともシンプルなものを選べばよい．

たとえば，$(x^3)' = 3x^2$ だから，
$$\int_2^4 3x^2\,dx = \Big[x^3\Big]_2^4 = 4^3 - 2^3 = 56$$

[例] 放物線 $y = x^2$，x 軸，2 直線 $x = 1$，$x = 2$ で囲まれた部分の面積 S を求めよ．

解 $\left(\dfrac{1}{3}x^3\right)' = x^2$

だから，
$$\begin{aligned}
S &= \int_1^2 x^2\,dx = \left[\frac{1}{3}x^3\right]_1^2 \\
&= \frac{1}{3}(2^3 - 1^3) \\
&= \frac{7}{3}
\end{aligned}$$

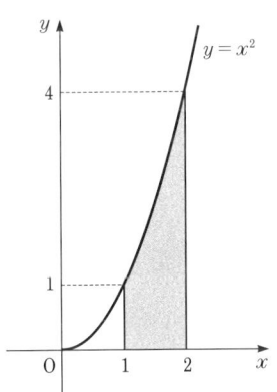

補充問題（第3章）

7.1 ① 次の数列 $\{a_n\}$ を，第7項まで具体的数値でかき下せ．

（1） $a_n = n^2$ を3で割った余り

（2） $a_n = 1 \times 2 \times \cdots \times n$ ◀ これを，$n!$ とかく

（3） $a_n = a_{n-1} + a_{n-2}$ ただし，$a_1 = 1, a_2 = 1$．

（4） $a_n =$ 第 n 番目の素数

② 次の数列 $\{a_n\}$ の第 n 項までの和 S_n を Σ 記号を用いて表わせ．また，その和 S_n を求めよ．

（1） $3\sqrt{3},\ -3,\ \sqrt{3},\ -1,\ \dfrac{1}{\sqrt{3}},\ \cdots\cdots$

（2） $\dfrac{1}{2^2-1},\ \dfrac{1}{4^2-1},\ \dfrac{1}{6^2-1},\ \dfrac{1}{8^2-1},\ \cdots\cdots$

7.2 （1） $k(k+1) = \dfrac{1}{3}\{k(k+1)(k+2) - (k-1)k(k+1)\}$

を用いて，次の等式が成立することを示せ：

$$\sum_{k=1}^{n} k(k+1) = \frac{1}{3}n(n+1)(n+2)$$

（2） 次の等式が成立することを示せ：

$$\sum_{k=1}^{n} k(k+1)(k+2) = \frac{1}{4}n(n+1)(n+2)(n+3)$$

7.3 次の極限値を求めよ．

（1） $\displaystyle\lim_{n\to\infty}\left(\dfrac{1}{n} - \dfrac{1}{n+1}\right)$

（2） $\displaystyle\lim_{n\to\infty}\dfrac{(-1)^n + 2^n}{3^n + 4^n}$

(3) $\displaystyle\lim_{n\to\infty}\frac{1\cdot 2+2\cdot 3+\cdots+n(n+1)}{n^3}$

7.4 $\boxed{1}$ 次の級数の収束・発散を調べ，収束するときは，和を求めよ．

(1) $\displaystyle\sum_{n=0}^{\infty}\frac{1}{2^n}\cos\frac{n\pi}{2}$ (2) $\displaystyle\sum_{n=0}^{\infty}\sin\frac{n\pi}{2}$

$\boxed{2}$ 次の循環小数を，分数で表わせ．

(1) $0.2162162162\cdots$ ◀ $0.2\dot{1}6$ とかく

(2) $3.14141414\cdots$ ◀ $3.\dot{1}\dot{4}$ とかく

8.1 次の極限値を求めよ．

(1) $\displaystyle\lim_{x\to +0}\frac{|x|}{x}$ (2) $\displaystyle\lim_{x\to -0}\frac{|x|}{x}$ ◀ $|x|=\begin{cases}x & (x\geqq 0)\\ -x & (x<0)\end{cases}$

(3) $\displaystyle\lim_{x\to +\infty}2^{\frac{1}{x}}$ (4) $\displaystyle\lim_{x\to +0}2^{\frac{1}{x}}$ (5) $\displaystyle\lim_{x\to -0}2^{\frac{1}{x}}$

(6) $\displaystyle\lim_{x\to -\infty}\frac{x}{\sqrt{x^2-1}}$ (7) $\displaystyle\lim_{x\to +\infty}\log x$ (8) $\displaystyle\lim_{x\to +0}\log x$

8.2 次の極限値を求めよ．

(1) $\displaystyle\lim_{x\to -\infty}\left(1+\frac{1}{x}\right)^x$ (2) $\displaystyle\lim_{h\to 0}\frac{\sin(x+h)-\sin x}{h}$

類題の略解または答え

1.1 [1] (1) $6x^2 + 7xy - 20y^2$ (2) $x^3 + 2x^2 - 5x - 6$
(3) $27a^3 + 54a^2b + 36ab^2 + 8b^3$
[2] (1) $(2x-5)(3x+2)$ (2) $(a-3)(a+3)(a^2+9)$
(3) $(x-2)(x^2+x+1)$ (4) $(2a+3b)(4a^2-6ab+9b^2)$

2.1 [1] (1) $A = -4, B = 5$
(2) 右辺を通分して，両辺の分子を比較すると，
$$5x = A(x^2+1) + (x-2)(Bx+C)$$
この等式で，とくに，
$$\left.\begin{array}{l} x=2 \text{ とおけば,} \quad 10 = 5A \\ x=1 \text{ とおけば,} \quad 5 = 2A - B - C \\ x=0 \text{ とおけば,} \quad 0 = A - 2C \end{array}\right\} \text{ を解いて,} \quad \begin{cases} A = 2 \\ B = -2 \\ C = 1 \end{cases}$$
[2] $2\sqrt{1+x^2}$

3.1 (1) $x = 3, y = 5$ (2) $x = \dfrac{5}{2}$ または $x = -\dfrac{4}{3}$

(3) $x = \dfrac{-1 \pm \sqrt{3}\,i}{2}$ (4) $x = 2$（重解），$x = 1$

(5) $x = \sqrt[3]{4}, \sqrt[3]{4}\left(\dfrac{-1 \pm \sqrt{3}\,i}{2}\right)$

3.2 (1) $(x+2)(x-3) < 0$ ∴ $-2 < x < 3$
(2) $(x+1)(x-2)(x-3) \leqq 0$ ∴ $x \leqq 1, 2 \leqq x \leqq 3$
(3) $(x-3)\{(x-2)^2+1\} > 0$ ∴ $x > 3$
(4) $-2 < x \leqq 1, x \geqq 4$

4.1 (1) $y = 2(x-1)^2 - 8$ 頂点 $(1, -8)$ 下に凸の放物線．
(2) $y = -(x-2)^2 + 1$ 頂点 $(2, 1)$ 上に凸の放物線．
(3) $y = \dfrac{1}{x-3} + 1$ 直線 $x = 3, y = 1$ を漸近線とする双曲線．

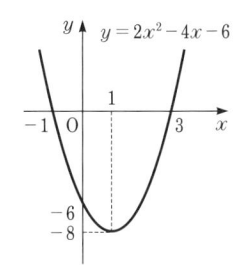

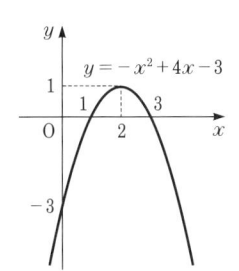

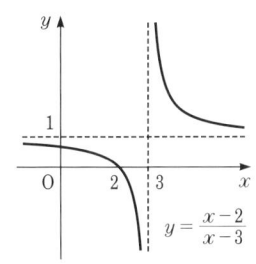

4.2 (1) 放物線 $x^2 = -2y$ すなわち，$y = -\dfrac{1}{2}x^2$ を，直線 $y = x$ に関して対称に写して得られる放物線.
(2) 曲線 $y = \sqrt{x}$ を，右へ1だけ，下へ2だけ平行移動したもの.
(3) 円 $x^2 + y^2 = 2^2$ を，左へ1だけ，上へ1だけ平行移動した円.
(4) 円 $x^2 + y^2 = 1$ の下半分.

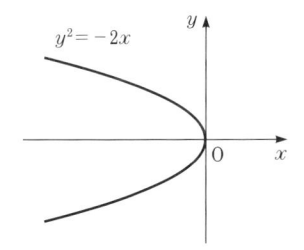

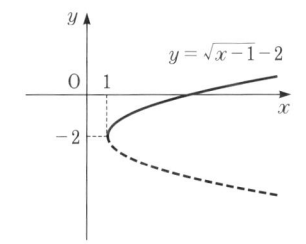

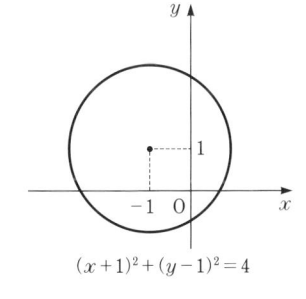

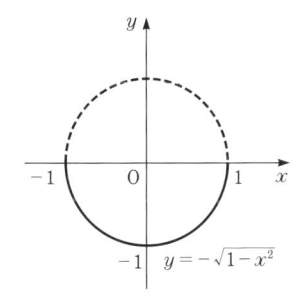

5.1 (1) $\left(\dfrac{16}{81}\right)^{\frac{3}{4}} = \left(\left(\dfrac{2}{3}\right)^4\right)^{\frac{3}{4}} = \left(\dfrac{2}{3}\right)^{4 \times \frac{3}{4}} = \left(\dfrac{2}{3}\right)^3 = \dfrac{8}{27}$

(2) $\dfrac{\sqrt{2}}{\sqrt[4]{2}\sqrt[8]{8}} = 2^{\frac{1}{2}} 2^{-\frac{1}{4}} (2^3)^{-\frac{1}{8}} = 2^{\frac{1}{2} - \frac{1}{4} - \frac{3}{8}} = 2^{-\frac{1}{8}} \left(= \dfrac{1}{\sqrt[8]{2}} \right)$

（3） $\dfrac{(a^{\frac{1}{2}}b^{-1})^3}{(ab^2)^{\frac{1}{4}}} = (a^{\frac{1}{2}}b^{-1})^3(ab^2)^{-\frac{1}{4}} = a^{\frac{3}{2}-\frac{1}{4}}b^{-3-\frac{2}{4}} = a^{\frac{5}{4}}b^{-\frac{7}{2}}$

（4） $\sqrt{a\sqrt{a\sqrt{a^3}}} = \sqrt{a\sqrt{a\cdot a^{\frac{3}{2}}}} = \sqrt{a\sqrt{a^{\frac{5}{2}}}} = \sqrt{a\cdot a^{\frac{5}{4}}} = (a^{\frac{9}{4}})^{\frac{1}{2}} = a^{\frac{9}{8}} \ (= a\sqrt[8]{a})$

5.2 （1） $3\log_2 6 + \log_2 \dfrac{4}{3} - \log_2 \dfrac{9}{8} = \log_2\left\{6^3 \times \dfrac{4}{3} \times \left(\dfrac{9}{8}\right)^{-1}\right\}$

$= \log_2\{(2^3\cdot 3^3)\times(2^2\cdot 3^{-1})\times(3^{-2}\cdot 2^3)\} = \log_2 2^8 = 8$

（2） $\log_3 9\sqrt{5} - \dfrac{1}{2}\log_3 \dfrac{5}{9} = \log_3\{(3^2\cdot 5^{\frac{1}{2}})\times(5\cdot 3^{-2})^{-\frac{1}{2}}\} = \log_3 3^3 = 3$

（3） $\log_9 16 = \dfrac{\log_3 16}{\log_3 9} = \dfrac{2\log_3 4}{2\log_3 3} = \log_3 4$ $\qquad \therefore\ \dfrac{\log_9 16}{\log_3 4} = 1$

（4） $\log_2 12\sqrt{3} - \log_4 54 = \log_2(2^2\cdot 3\cdot 3^{\frac{1}{2}}) - \dfrac{\log_2 2\cdot 3^3}{\log_2 4}$

$= \log_2\{(2^2\cdot 3\cdot 3^{\frac{1}{2}})\times(2\cdot 3^3)^{-\frac{1}{2}}\}$

$= \log_2 2^{\frac{3}{2}} = \dfrac{3}{2}$

5.3 （1） y 軸に関して対称

（2） y 軸に関して対称

（3） x 軸に関して対称

（4） $y = x$ に関して対称

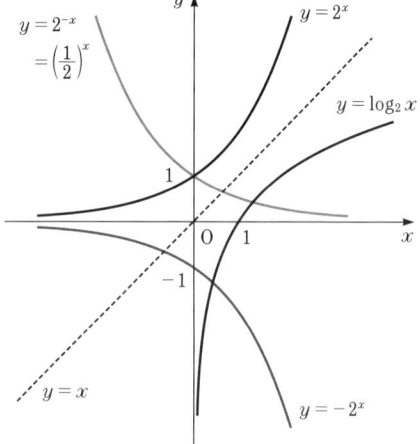

6.1 ［1］

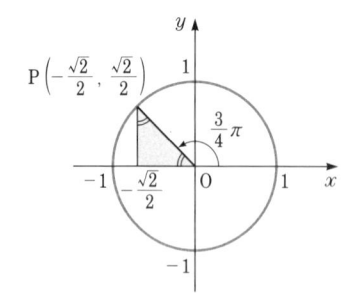

（1） $\cos\dfrac{3}{4}\pi = -\dfrac{\sqrt{2}}{2}$ ◀ P の x 座標

（2） $\sin\dfrac{3}{4}\pi = \dfrac{\sqrt{2}}{2}$ ◀ P の y 座標

（3） $\tan\dfrac{3}{4}\pi = \dfrac{\sin\dfrac{3}{4}\pi}{\cos\dfrac{3}{4}\pi} = -1$

[2] （1） $x = \dfrac{5}{6}\pi$　　　　（2） $x = -\dfrac{\pi}{6}$

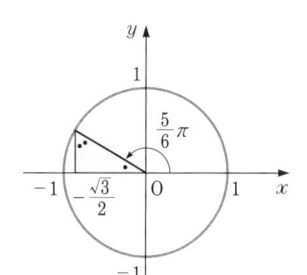

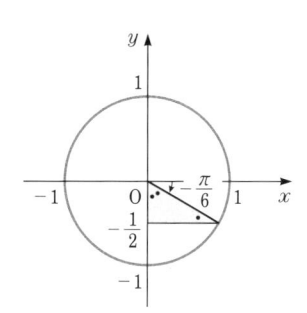

6.2 （1） $\tan 15° = \tan(45° - 30°) = \dfrac{\tan 45° - \tan 30°}{1 + \tan 45° \tan 30°}$

$$= \dfrac{1 - \dfrac{1}{\sqrt{3}}}{1 + 1 \cdot \dfrac{1}{\sqrt{3}}} = \dfrac{\sqrt{3} - 1}{\sqrt{3} + 1} = 2 - \sqrt{3}$$

（2） $90° < \alpha < 180°$ のとき，$\cos\alpha < 0$ だから，

$$\cos\alpha = -\sqrt{1 - \sin^2\alpha} = -\sqrt{1 - \left(\dfrac{3}{5}\right)^2} = -\dfrac{4}{5}$$

$$\therefore\quad \sin 2\alpha = 2\cos\alpha \sin\alpha = 2 \cdot \left(-\dfrac{4}{5}\right) \cdot \dfrac{3}{5} = -\dfrac{24}{25}$$

$$\sin^2\dfrac{\alpha}{2} = \dfrac{1 - \cos\alpha}{2} = \dfrac{1}{2}\left\{1 - \left(-\dfrac{4}{5}\right)\right\} = \dfrac{9}{10}$$

$90° < \alpha < 180°$ より，$45° < \dfrac{\alpha}{2} < 90°$ だから，$\sin\dfrac{\alpha}{2} > 0$

$$\therefore\quad \sin\dfrac{\alpha}{2} = \sqrt{\dfrac{9}{10}} = \dfrac{3}{\sqrt{10}} = \dfrac{3}{10}\sqrt{10}$$

（3） $\sin 75° + \sin 15° = 2\sin\dfrac{75° + 15°}{2} \cos\dfrac{75° - 15°}{2}$

$$= 2\sin 45° \cos 30° = 2 \cdot \dfrac{\sqrt{2}}{2} \cdot \dfrac{\sqrt{3}}{2} = \dfrac{\sqrt{6}}{2}$$

（4） $\sin x + \cos x = \sqrt{2}\left(\dfrac{1}{\sqrt{2}}\sin x + \dfrac{1}{\sqrt{2}}\cos x\right)$

$$= \sqrt{2}\,(\sin x \cos 45° + \cos x \sin 45°) = \sqrt{2}\sin(x + 45°)$$

6.3 (1)

グラフ: $y = 2\sin 3x$

(2)

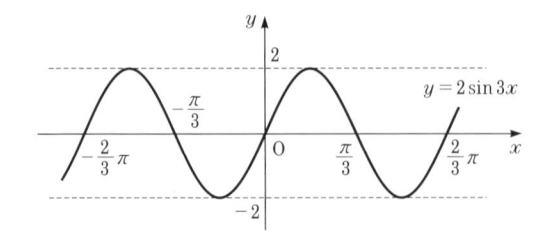

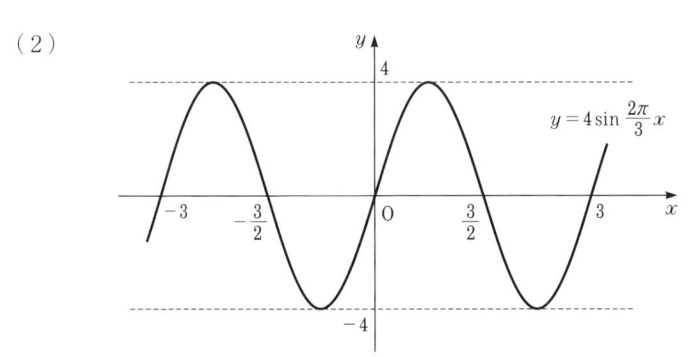

グラフ: $y = 4\sin\dfrac{2\pi}{3}x$

7.1 [1] (1) $\sqrt{2}+\sqrt{3}+\sqrt{4}+\sqrt{5}$

(2) $(4-3\cdot 4^2)+(5-3\cdot 5^2)+(6-3\cdot 6^2)+(7-3\cdot 7^2)$

(3) $\dfrac{1}{2^3}+\dfrac{1}{2^4}+\dfrac{1}{2^5}+\dfrac{1}{2^6}$ (4) $\dfrac{2^1}{1}+\dfrac{2^2}{1\cdot 2}+\dfrac{2^3}{1\cdot 2\cdot 3}$

[2] (1) $\sum_{k=1}^{8} 6\cdot 2^{k-1}$ ◀ $a_n = 6\cdot 2^{n-1}$ 答えは, $\sum_{k=1}^{8} 3\cdot 2^k$ も可

(2) $\sum_{k=1}^{20} \dfrac{(-1)^{k+1}}{k^3}$ (3) $\sum_{k=1}^{11} \dfrac{(-1)^{k+1}}{k(k+1)(k+2)}$

[3] (1) $a_n = 10 - 3(n-1) = 13 - 3n$ $a_{20} = -47$

$S = \dfrac{(10+(-47))\times 20}{2} = -370$

(2) $S = \dfrac{5\left\{1-\left(-\dfrac{1}{2}\right)^{10}\right\}}{1-\left(-\dfrac{1}{2}\right)} = \dfrac{10}{3}\left(1-\dfrac{1}{2^{10}}\right)$ ◀ このママで可

7.2 (1) $\sum_{k=1}^{n}(2k-1) = 2\sum_{k=1}^{n} k - n = 2\cdot\dfrac{1}{2}n(n+1) - n = n^2$

（2） $\sum\limits_{k=1}^{n} k(k+1) = \sum\limits_{k=1}^{n}(k^2+k) = \sum\limits_{k=1}^{n} k^2 + \sum\limits_{k=1}^{n} k$

$\qquad = \dfrac{1}{6}n(n+1)(2n+1) + \dfrac{1}{2}n(n+1) = \dfrac{1}{3}n(n+1)(n+2)$

▶**別解** （こちらが，オススメ）

$$k(k+1)(k+2) - (k-1)k(k+1) = 3k(k+1)$$

で，$k = 1, 2, \cdots, n$ とおいて得られる n 個の式をすべて加えてみよ．

（3） $\sum\limits_{k=1}^{n} \dfrac{1}{(2k-1)(2k+1)} = \dfrac{1}{2} \sum\limits_{k=1}^{n} \left(\dfrac{1}{2k-1} - \dfrac{1}{2k+1} \right)$

$\qquad = \dfrac{1}{2} \left\{ \left(\dfrac{1}{1} - \dfrac{1}{3}\right) + \left(\dfrac{1}{3} - \dfrac{1}{5}\right) + \cdots + \left(\dfrac{1}{2n-1} - \dfrac{1}{2n+1}\right) \right\}$

$\qquad = \dfrac{1}{2}\left(1 - \dfrac{1}{2n+1}\right) = \dfrac{n}{2n+1}$

（4） $\sum\limits_{k=1}^{n} \dfrac{1}{\sqrt{2k-1}+\sqrt{2k+1}} = \dfrac{1}{2} \sum\limits_{k=1}^{n} (\sqrt{2k+1} - \sqrt{2k-1})$

$\qquad = \dfrac{1}{2}\{(\sqrt{3}-\sqrt{1}) + (\sqrt{5}-\sqrt{3}) + \cdots + (\sqrt{2n+1}-\sqrt{2n-1})\}$

$\qquad = \dfrac{1}{2}(\sqrt{2n+1} - 1)$

7.3 （1） $\lim\limits_{n\to\infty} \dfrac{3n^2 - 2n + 5}{4n^2 + 2n - 1} = \lim\limits_{n\to\infty} \dfrac{3 - \dfrac{2}{n} + \dfrac{5}{n^2}}{4 + \dfrac{2}{n} - \dfrac{1}{n^2}} = \dfrac{3}{4}$

（2） $\lim\limits_{n\to\infty} \dfrac{\sqrt{n+1}}{\sqrt{n}+\sqrt{n+2}} = \lim\limits_{n\to\infty} \dfrac{\sqrt{1+\dfrac{1}{n}}}{1+\sqrt{1+\dfrac{2}{n}}} = \dfrac{1}{2}$

（3） $\lim\limits_{n\to\infty}(\sqrt{n+2} - \sqrt{n}) = \lim\limits_{n\to\infty} \dfrac{(\sqrt{n+2}-\sqrt{n})(\sqrt{n+2}+\sqrt{n})}{\sqrt{n+2}+\sqrt{n}}$

$\qquad = \lim\limits_{n\to\infty} \dfrac{2}{\sqrt{n+2}+\sqrt{n}} = 0$

（4） $\lim\limits_{n\to\infty} \dfrac{3^n + 7^n}{5^n} = \lim\limits_{n\to\infty} \left\{ \left(\dfrac{3}{5}\right)^n + \left(\dfrac{7}{5}\right)^n \right\} = +\infty$ 　　発散．

（5） 数列を具体的にかいてみると，

$$\frac{1}{1},\ \frac{0}{2},\ \frac{-1}{3},\ \frac{0}{4},\ \frac{1}{5},\ \frac{0}{6},\ \frac{-1}{7},\ \cdots \quad \therefore\ \lim_{n\to\infty}\frac{1}{n}\sin\frac{n\pi}{2}=0$$

（6） 数列を具体的にかいてみると，

$0,\ -1,\ 0,\ 1,\ 0,\ -1,\ 0,\ 1,\ 0,\ \cdots$ よって，発散．

（7） $\displaystyle\lim_{n\to\infty}\frac{1^2+2^2+\cdots+n^2}{n^3}=\lim_{n\to\infty}\frac{\dfrac{1}{6}n(n+1)(2n+1)}{n^3}$

$$=\lim_{n\to\infty}\frac{1}{6}\left(1+\frac{1}{n}\right)\left(2+\frac{1}{n}\right)=\frac{1}{3}$$

7.4 （1） $S_n=(\sqrt{2}-\sqrt{0})+(\sqrt{3}-\sqrt{1})+(\sqrt{4}-\sqrt{2})+\cdots$
$\cdots+(\sqrt{n+1}-\sqrt{n-1})=\sqrt{n+1}+\sqrt{n}-1$

$\therefore\ \displaystyle\lim_{n\to\infty}S_n=\lim_{n\to\infty}(\sqrt{n+1}+\sqrt{n}-1)=+\infty$ よって，発散．

（2） $S_n=\dfrac{1}{1\cdot3}+\dfrac{1}{2\cdot4}+\dfrac{1}{3\cdot5}+\cdots+\dfrac{1}{n(n+2)}$

$$=\frac{1}{2}\left\{\left(\frac{1}{1}-\frac{1}{3}\right)+\left(\frac{1}{2}-\frac{1}{4}\right)+\left(\frac{1}{3}-\frac{1}{5}\right)+\cdots+\left(\frac{1}{n}-\frac{1}{n+2}\right)\right\}$$

$$=\frac{1}{2}\left(\frac{1}{1}+\frac{1}{2}-\frac{1}{n+1}-\frac{1}{n+2}\right)$$

$\therefore\ \displaystyle\sum_{n=1}^{\infty}\frac{1}{n(n+2)}=\lim_{n\to\infty}\frac{1}{2}\left(\frac{1}{1}+\frac{1}{2}-\frac{1}{n+1}-\frac{1}{n+2}\right)=\frac{3}{4}$

（3） $\displaystyle\lim_{n\to\infty}a_n=1$ よって，発散

（4） 公比 $=\left(\dfrac{4}{3}\right)^{\frac{1}{2}}>1$ よって，発散

（5） $\displaystyle\sum_{k=1}^{\infty}\frac{3^{n+1}+5^{n-1}}{7^n}=3\sum_{n=1}^{\infty}\left(\frac{3}{7}\right)^n+\frac{1}{5}\sum_{n=1}^{\infty}\left(\frac{5}{7}\right)^n=\frac{11}{4}$

8.1 （1） $\displaystyle\lim_{x\to2}(3x^2-4x+5)=3\cdot2^2-4\cdot2+5=9$

（2） $\displaystyle\lim_{x\to-1}\frac{2x^2-x-3}{x^2-3x-4}=\lim_{x\to-1}\frac{(x+1)(2x-3)}{(x+1)(x-4)}=\lim_{x\to-1}\frac{2x-3}{x-4}=1$

（3） $\displaystyle\lim_{x\to a}\frac{x^3-a^3}{x-a}=\lim_{x\to a}(x^2+ax+a^2)=3a^2$

（4） $\displaystyle\lim_{h\to0}\frac{(x+h)^3-x^3}{h}=\lim_{h\to0}(3x^2+3hx+h^2)=3x^2$

（5） $\displaystyle\lim_{h\to0}\frac{\dfrac{1}{x+h}-\dfrac{1}{x}}{h}=\lim_{h\to0}\frac{-1}{(x+h)x}=-\frac{1}{x^2}$

（6） $\displaystyle\lim_{x\to +0}(\sqrt{x^2+x}-x) = \lim_{x\to +0}\frac{x}{\sqrt{x^2+x}+x} = \lim_{x\to +0}\frac{1}{\sqrt{1+\dfrac{1}{x}}+1} = \dfrac{1}{2}$

8.2 （1） $\displaystyle\lim_{n\to\infty}\left(1+\frac{3}{n}\right)^n = \lim_{n\to\infty}\left\{\left(1+\frac{3}{n}\right)^{\frac{n}{3}}\right\}^3 = e^3$

（2） $\displaystyle\lim_{x\to 0}(1-x)^{\frac{1}{x}} = \lim_{x\to 0}\{(1-x)^{\frac{1}{-x}}\}^{-1} = e^{-1} = \dfrac{1}{e}$

（3） $\displaystyle\lim_{x\to 0}\frac{\tan x}{x} = \lim_{x\to 0}\frac{1}{\cos x}\cdot\frac{\sin x}{x} = 1$

（4） $x\to +0$ のとき，$\dfrac{1}{x}\to +\infty$．よって，$\sin\dfrac{1}{x}$ は，-1 以上 1 以下のすべての値をくり返し取り続けるので，一定の値に近づくことはない．問題の極限値は存在しない．

補充問題の略解または答え

1.1 $\boxed{1}$ 与えられた式を"与式"とかく.

(1) 与式 $= \dfrac{3}{10} \times \dfrac{5}{3} \times \left(-\dfrac{1}{6}\right) + \dfrac{2}{3} = -\dfrac{1}{12} + \dfrac{2}{3} = \dfrac{7}{12}$

(2) 与式 $= 1 - \dfrac{\frac{2}{3}}{1-\frac{3}{2}} = 1 - \dfrac{2}{3} \times (-2) = 1 + \dfrac{4}{3} = \dfrac{7}{3}$

$\boxed{2}$ (1) $12a^2 - 13ab - 35b^2$ (2) $a^3 - 6a^2 + 5a + 12$

(3) $\dfrac{1}{9}x^2 - \dfrac{1}{16}y^2$ (4) $x^3 + 9x^2y + 27xy^2 + 27y^3$

(5) $a^4 + 4a^3b + 6a^2b^2 + 4ab^3 + b^4$

(6) $4x^2 + y^2 + 9z^2 - 6yz + 12zx - 4xy$

$\boxed{3}$ (1) $(2a-5)(3a+4)$ (2) $(a+3b)(2a-7b)$

(3) $(5x-6y)(5x+6y)$ (4) $(3x-2y)(3x+2y)(9x^2+4y^2)$

(5) $(a-1)(a+1)(a-2)$ (6) $(x-2)^2(a+2)$

(7) $a^6 - 1 = (a^3-1)(a^3+1) = (a-1)(a+1)(a^2-a+1)(a^2+a+1)$

(8) $x^4 + x^2y^2 + y^4 = x^4 + 2x^2y^2 + y^4 - x^2y^2$
$\qquad = (x^2+y^2)^2 - x^2y^2 = (x^2-xy+y^2)(x^2+xy+y^2)$

2.1 $\boxed{1}$ (1) $\dfrac{-9x}{(x+1)(x-2)^2}$ (2) $\dfrac{-6x-3}{(x-1)(x+1)(x+2)}$

$\boxed{2}$ (1) $\dfrac{A}{x-2} + \dfrac{B}{x+3}$ とおく. $\dfrac{3}{x-2} - \dfrac{1}{x+3}$

(2) $\dfrac{A}{x+1} + \dfrac{Bx+C}{x^2+1}$ とおく. $\dfrac{1}{2}\left(\dfrac{1}{x+1} - \dfrac{x-1}{x^2+1}\right)$

(3) 解き方は, 前問と同様. $A=1$, $B=-1$, $C=1$, $D=2$.

$\boxed{3}$ (1) $-4 + \sqrt{15}$ (2) $\dfrac{3-\sqrt{3}}{2}$

(3) $\dfrac{1+\sqrt{2}-\sqrt{3}}{(1+\sqrt{2}+\sqrt{3})(1+\sqrt{2}-\sqrt{3})} = \dfrac{1+\sqrt{2}-\sqrt{3}}{2\sqrt{2}} = \dfrac{2+\sqrt{2}-\sqrt{6}}{4}$

4 (1) $|3|=3,\ \sqrt{3^2}=3$

$|-4|=-(-4)=4,\ \sqrt{(-4)^2}=\sqrt{4^2}=4$

(2) (i) $a \geqq 0$ のとき：

$|a|=a,\ \sqrt{a^2}=a$

(ii) $a<0$ のとき：

$|a|=-a,\ \sqrt{a^2}=\sqrt{(-a)^2}=-a$

$\boxed{A \geqq 0 \text{ のとき,}\\ \sqrt{A^2}=A}$

(3) (i) $x^2-2 \geqq 0$ のとき： $\quad$ (ii) $x^2-2<0$ のとき：

$x^2-2=x \qquad\qquad\qquad -(x^2-2)=x$

$x^2-x-2=(x-2)(x+1)=0 \quad x^2+x-2=(x-1)(x+2)=0$

$\therefore\ x=2\ (\because\ x^2-2 \geqq 0) \quad \therefore\ x=1\ (\because\ x^2-2<0)$

以上から，求める解は，$x=2,\ x=1$

3.1 1 (1) $\omega^2 = \dfrac{(-1+\sqrt{3}\,i)^2}{2^2} = \dfrac{-2-2\sqrt{3}\,i}{4} = \dfrac{-1-\sqrt{3}\,i}{2}$

$\therefore\ \omega^2+\omega+1 = \dfrac{-1-\sqrt{3}\,i}{2} + \dfrac{-1+\sqrt{3}\,i}{2} + 1 = 0$

(2) $\omega^3 = \omega^2\omega = \dfrac{-1-\sqrt{3}\,i}{2} \cdot \dfrac{-1+\sqrt{3}\,i}{2} = \dfrac{(-1)^2-(\sqrt{3}\,i)^2}{4} = \dfrac{1-(-3)}{4} = 1$

▶注 $\omega^2=-\omega-1$ を用いて，$\omega^3=\omega^2\omega=(-\omega-1)\omega=-\omega^2-\omega=1$

2 (1) $(2x-1)(3x-5)=0 \quad \therefore\ x=\dfrac{1}{2},\ \dfrac{5}{3}$

(2) $x = \dfrac{-(-2) \pm \sqrt{(-2)^2-4\times 1\times(-1)}}{2\times 1} = \dfrac{2 \pm \sqrt{8}}{2} = 1 \pm \sqrt{2}$

(3) $(x-1)(x^2+x+1)=0 \quad \therefore\ x=1,\ \dfrac{-1\pm\sqrt{3}\,i}{2}$

(4) $(x^2-1)(x^2+1)=(x-1)(x+1)(x^2+1)=0 \quad \therefore\ x=1,\ -1,\ i,\ -i$

(5) $(x-1)(x-2)(2x-1)=0 \quad \therefore\ x=1,\ 2,\ \dfrac{1}{2}$

(6) $x^4+x^2+1 = x^4+2x^2+1-x^2 = (x^2+1)^2-x^2$

$\qquad\qquad = (x^2-x+1)(x^2+x+1)=0$

$\therefore\ x=\dfrac{1\pm\sqrt{3}\,i}{2},\ \dfrac{-1\pm\sqrt{3}\,i}{2}$

3.2 （1） $(2x-1)(3x-2) > 0$　　∴　$x < \dfrac{1}{2}$, $x > \dfrac{2}{3}$

（2） $(x-3)^2 > 0$　　∴　$x < 3$, $x > 3$　　　　　◀ $x \neq 3$ ということ

（3） $(x-\sqrt{3})(x+\sqrt{3})(x^2+3) < 0$. ここで，$x^2+3 > 0$ だから，
　　　$(x-\sqrt{3})(x+\sqrt{3}) < 0$　　∴　$-\sqrt{3} < x < \sqrt{3}$

（4） 与式は，

$\dfrac{x}{(x+1)(x-1)} \geqq 0$

ゆえに，求める解は，

$-1 < x \leqq 0$, $x > 1$

x	…	-1	…	0	…	1	…
$x+1$	$-$	0	$+$	$+$	$+$	$+$	$+$
x	$-$	$-$	$-$	0	$+$	$+$	$+$
$x-1$	$-$	$-$	$-$	$-$	$-$	0	$+$
分数式	$-$		$+$	0	$-$		$+$

4.1 （1） 2点 $(5, 0)$, $(0, 3)$ を通る直線．

（2） $y = \dfrac{1}{2}(x-1)^2 + \dfrac{1}{2}$　　頂点 $\left(1, \dfrac{1}{2}\right)$　下に凸の放物線

（3） $y = -\dfrac{1}{4}(x+2)^2 + 1$　　頂点 $(-2, 1)$　上に凸の放物線

（4） $(x-2)(y-1) = 1$ と変形する．

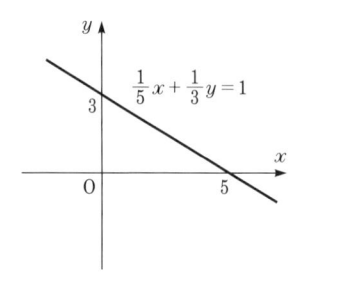

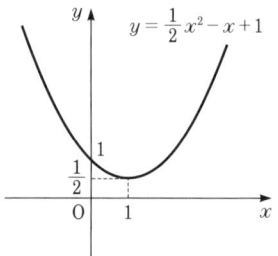

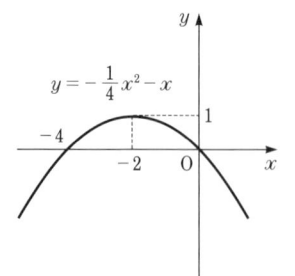

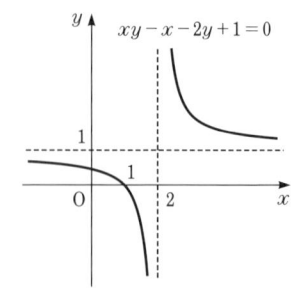

4.2 (1) $x^2 = 4y$ と直線 $y = x$ に関して対称な横向き放物線.

(2) (1) の放物線の上半分.

(3) $(x-1)^2 + (y-2)^2 = 5$　中心 $(1, 2)$, 半径 $\sqrt{5}$ の円.

(4) $y = 2 - \sqrt{5-(x-1)^2}$　(3)の円の下半分.

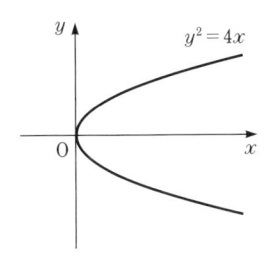

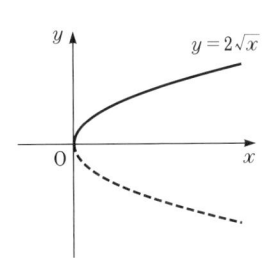

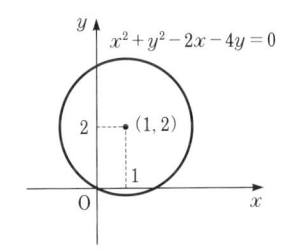

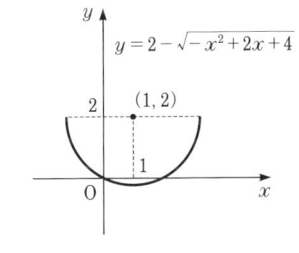

5.1 $\boxed{1}$ (1) $(5^3)^{\frac{1}{3}} = 5$　(2) $(3^4)^{-\frac{1}{4}} = 3^{-1} = \dfrac{1}{3}$

(3) $(2^5)^{-\frac{3}{5}} = 2^{-3} = \dfrac{1}{8}$　(4) $\left(\left(\dfrac{3}{10}\right)^3\right)^{\frac{1}{3}} = \dfrac{3}{10}$

(5) $\left(\dfrac{1}{2^6}\right)^{-\frac{5}{6}} = (2^{-6})^{-\frac{5}{6}} = 2^5 = 32$　(6) $\left(\left(\dfrac{2}{5}\right)^4\right)^{-\frac{1}{4}} = \dfrac{5}{2}$

$\boxed{2}$ (1) $x^{-\frac{3}{2}}$　(2) $(1+x)^{\frac{1}{3}}$　(3) $(x^2+1)^{-\frac{1}{2}}$

$\boxed{3}$ (1) $(ab^3)^{\frac{1}{2}}(a^2b)^{\frac{1}{3}} = a^{\frac{1}{2}}b^{\frac{3}{2}}a^{\frac{2}{3}}b^{\frac{1}{3}} = a^{\frac{1}{2}+\frac{2}{3}}b^{\frac{3}{2}+\frac{1}{3}} = a^{\frac{7}{6}}b^{\frac{11}{6}}$

(2) $(ab^3)^{\frac{1}{2}}(a^2b^5)^{-\frac{1}{3}}(ab)^{-\frac{1}{4}} = a^{\frac{1}{2}}b^{\frac{3}{2}}a^{-\frac{2}{3}}b^{-\frac{5}{3}}a^{-\frac{1}{4}}b^{-\frac{1}{4}}$

$\qquad = a^{\frac{1}{2}-\frac{2}{3}-\frac{1}{4}}b^{\frac{3}{2}-\frac{5}{3}-\frac{1}{4}} = a^{-\frac{5}{12}}b^{-\frac{5}{12}}$

5.2 $\boxed{1}$ (1) $\log_2 32 = 5$　(2) $\log_{25}\dfrac{1}{\sqrt{5}} = -\dfrac{1}{4}$

(3) $\log_{\frac{1}{9}} 3 = -\dfrac{1}{2}$　(4) $\log_{27}\dfrac{1}{\sqrt{3}} = -\dfrac{1}{6}$

2 (1) $-\dfrac{3}{2}$　　(2) $\dfrac{3}{4}$　　(3) $\log_2\left(\dfrac{2}{3}\right)^2\cdot\left(\dfrac{1}{9}\right)^{-1}=2$

(4) $\log_3(3\sqrt{3})^2\cdot 9^{\frac{3}{2}}=\log_3(3^{\frac{3}{2}})^2\cdot(3^2)^{\frac{3}{2}}=\log_3 3^6=6$

(5) $\log_2 3\cdot\dfrac{\log_2 4}{\log_2 3}=\log_2 4=2$

(6) $\log_2 3+\dfrac{\log_2 3}{\log_2 4}=\log_2 3+\dfrac{1}{2}\log_2 3=\dfrac{3}{2}\log_2 3$

6.1 1 (1) $\dfrac{7}{3}\pi=2\pi+\dfrac{1}{3}\pi$ より，$\cos\dfrac{7}{3}\pi=\cos\dfrac{1}{3}\pi=\dfrac{1}{2}$　　同様にして，$\sin\dfrac{7}{3}\pi=\dfrac{\sqrt{3}}{2}$，$\tan\dfrac{7}{3}\pi=\sqrt{3}$

(2) $-\dfrac{4}{3}\pi=-2\pi+\dfrac{2}{3}\pi$ より，$\cos\left(-\dfrac{4}{3}\pi\right)=\cos\dfrac{2}{3}\pi=-\dfrac{1}{2}$　　同様にして，$\sin\left(-\dfrac{4}{3}\pi\right)=\dfrac{\sqrt{3}}{2}$，$\tan\left(-\dfrac{4}{3}\pi\right)=-\sqrt{3}$

2 (1) $x=\dfrac{2}{3}\pi$

(2) $\tan x=-\dfrac{\sqrt{3}}{3}$ を，$1+\tan^2 x=\dfrac{1}{\cos^2 x}$ へ代入して，$\cos^2 x=\dfrac{3}{4}$，$\cos x=\pm\dfrac{\sqrt{3}}{2}$　　∴ $x=-\dfrac{\pi}{6}$　$\left(\because\ -\dfrac{\pi}{2}<x<\dfrac{\pi}{2}\right)$

6.2 1 相互関係，二倍角の公式を用いる．

$$1+t^2=1+\tan^2 A=1+\dfrac{\sin^2 A}{\cos^2 A}=\dfrac{\cos^2 A+\sin^2 A}{\cos^2 A}=\dfrac{1}{\cos^2 A}$$

$$1-t^2=1-\tan^2 A=1-\dfrac{\sin^2 A}{\cos^2 A}=\dfrac{\cos^2 A-\sin^2 A}{\cos^2 A}=\dfrac{\cos 2A}{\cos^2 A}$$

したがって，

$$\dfrac{1-t^2}{1+t^2}=\cos 2A,\qquad\dfrac{2t}{1+t^2}=\sin 2A,\qquad\dfrac{2t}{1-t^2}=\tan 2A$$

2 (1) $\dfrac{1}{2}\{\cos(75°+15°)+\cos(75°-15°)\}=\dfrac{1}{2}(\cos 90°+\cos 60°)$

$$=\dfrac{1}{2}\cdot\dfrac{1}{2}=\dfrac{1}{4}$$

（2） $2\cos\dfrac{75°+15°}{2}\sin\dfrac{75°-15°}{2}=2\cos 45°\sin 30°=2\cdot\dfrac{\sqrt{2}}{2}\cdot\dfrac{1}{2}=\dfrac{\sqrt{2}}{2}$

6.3　（1）

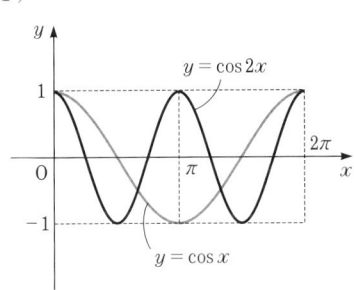

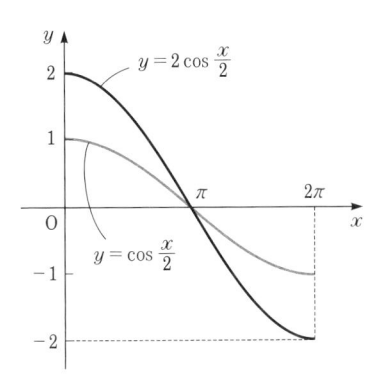

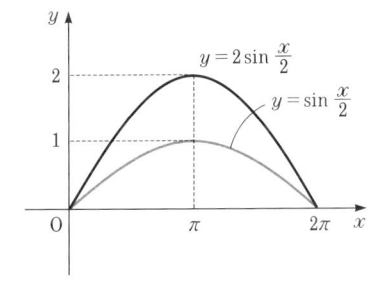

（2）

（3）　$y=\sin x+\cos x$
$=\sqrt{2}\sin\left(x+\dfrac{\pi}{4}\right)$

$y=\sqrt{2}\sin x$ のグラフを左へ $\dfrac{\pi}{4}$ だけ平行移動したもの．

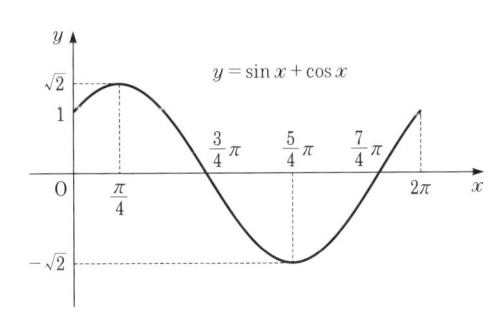

7.1　$\boxed{1}$　（1）　1, 1, 0, 1, 1, 0, 1　　◀2は現われない
（2）　1, 2, 6, 24, 120, 720, 5040
（3）　1, 1, 2, 3, 5, 8, 13
（4）　2, 3, 5, 7, 11, 13, 17　　◀1は素数とはよばない

[2] (1) $S_n = 3\sqrt{3} \sum_{k=1}^{n} \left(-\frac{1}{\sqrt{3}}\right)^{k-1}$ ◀ 初項 $3\sqrt{3}$, 公比 $-\frac{1}{\sqrt{3}}$ の等比数列

$= 3\sqrt{3} \left\{ 1 - \left(-\frac{1}{\sqrt{3}}\right)^n \right\}$

(2) $S_n = \sum_{k=1}^{n} \frac{1}{(2k)^2 - 1} = \sum_{k=1}^{n} \frac{1}{(2k-1)(2k+1)} = \frac{1}{2} \sum_{k=1}^{n} \left(\frac{1}{2k-1} - \frac{1}{2k+1} \right)$

$= \frac{1}{2} \left\{ \left(\frac{1}{1} - \frac{1}{3}\right) + \left(\frac{1}{3} - \frac{1}{5}\right) + \cdots + \left(\frac{1}{2n-1} - \frac{1}{2n+1}\right) \right\}$

$= \frac{1}{2}\left(1 - \frac{1}{2n+1}\right) = \frac{n}{2n+1}$

7.2 (1) 指示にしたがう.

$\sum_{k=1}^{n} k(k+1) = \frac{1}{3} \sum_{k=1}^{n} \{k(k+1)(k+2) - (k-1)k(k+1)\}$

$= \frac{1}{3} \{(1 \cdot 2 \cdot 3 - 0 \cdot 1 \cdot 2) + (2 \cdot 3 \cdot 4 - 1 \cdot 2 \cdot 3) + \cdots$

$\cdots + (n(n+1)(n+2) - (n-1)n(n+1))\}$

$= \frac{1}{3} n(n+1)(n+2)$

(2) 次の等式を用いて, (1)と同様:

$k(k+1)(k+2) = \frac{1}{4} \{k(k+1)(k+2)(k+3) - (k-1)k(k+1)(k+2)\}$

7.3 (1) $\lim_{n \to \infty} \frac{1}{n(n+1)} = 0$ (2) $\lim_{n \to \infty} \frac{\left(-\frac{1}{4}\right)^n + \left(\frac{2}{4}\right)^n}{\left(\frac{3}{4}\right)^n + 1} = 0$

(3) $\lim_{n \to \infty} \frac{\frac{1}{3} n(n+1)(n+2)}{n^3} = \frac{1}{3} \lim_{n \to \infty} \left(1 + \frac{1}{n}\right)\left(1 + \frac{2}{n}\right) = \frac{1}{3}$

7.4 [1] はじめの数項を, 具体的にかいてみる.

(1) $0 - \frac{1}{2^2} + 0 + \frac{1}{2^4} + 0 - \frac{1}{2^6} + \cdots\cdots$

$= -\frac{1}{4} + \left(-\frac{1}{4}\right)^2 + \left(-\frac{1}{4}\right)^3 + \cdots\cdots = \frac{-\frac{1}{4}}{1 - \left(-\frac{1}{4}\right)} = -\frac{1}{5}$

補充問題の略解または答え　137

（2）$1+0-1+0+1+0-\cdots$　部分和が次のようになるので，発散．

$$S_n = \begin{cases} 1 & (n=1,\ 2,\ 5,\ 6,\ 9,\ \cdots) \\ 0 & (n=3,\ 4,\ 7,\ 8,\ 11,\ \cdots) \end{cases}$$

$\boxed{2}$　（1）$0.\dot{2}1\dot{6} = \dfrac{216}{1000} + \dfrac{216}{1000^2} + \dfrac{216}{1000^3} + \cdots\cdots$

$\qquad = \dfrac{216}{1000} \times \dfrac{1}{1-\dfrac{1}{1000}} = \dfrac{216}{999}$

（2）$3.1\dot{4} = 3 + \dfrac{0.14}{1-\dfrac{1}{100}} = \dfrac{311}{99}$

8.1　（1）$\lim\limits_{x \to +0} \dfrac{|x|}{x} = \lim\limits_{x \to +0} \dfrac{x}{x} = 1$　　（2）$\lim\limits_{x \to -0} \dfrac{|x|}{x} = \lim\limits_{x \to -0} \dfrac{-x}{x} = -1$

（3）$\lim\limits_{x \to +\infty} \dfrac{1}{x} = 0$　　∴　$\lim\limits_{x \to +\infty} 2^{\frac{1}{x}} = 1$

（4）$\lim\limits_{x \to +0} \dfrac{1}{x} = +\infty$　　∴　$\lim\limits_{x \to +0} 2^{\frac{1}{x}} = +\infty$

（5）$\lim\limits_{x \to -0} \dfrac{1}{x} = -\infty$　　∴　$\lim\limits_{x \to -0} 2^{\frac{1}{x}} = 0$

（6）$t = -x$ とおけば，$x \to -\infty \Leftrightarrow t \to +\infty$

$$\lim_{x \to -\infty} \dfrac{x}{\sqrt{x^2-1}} = \lim_{t \to +\infty} \dfrac{-t}{\sqrt{t^2-1}} = \lim_{t \to +\infty} \dfrac{-1}{\sqrt{1-\dfrac{1}{t^2}}} = -1$$

（7）$+\infty$　　（8）$-\infty$

8.2　（1）$t = \dfrac{1}{x}$ とおく．$x \to -\infty \Leftrightarrow t \to -0$

$$\lim_{x \to -\infty} \left(1 + \dfrac{1}{x}\right)^x = \lim_{t \to -0} (1+t)^{\frac{1}{t}} = e$$

（2）$\lim\limits_{h \to 0} \dfrac{2\cos\dfrac{2x+h}{2} \sin\dfrac{h}{2}}{h} = \lim\limits_{h \to 0} \cos\left(x + \dfrac{h}{2}\right) \dfrac{\sin\dfrac{h}{2}}{\dfrac{h}{2}} = \cos x$

索　引

あ・い・え

余りの定理	7
因数分解	7
n 乗根	23, 42

か・き

解の公式	20
加法定理	62
逆関数	36
級　数	87
極限値（数列の）	84
（関数の）	96
極小，極大	114
共役複素数	19
虚数単位	18

け・こ

減少状態	113
原始関数	118
公差，公比	77
弧度法	56

さ・し

三角関数	57
Σ 記号 (シグマ)	78
指数関数	42
指数法則	43
自然指数	46
自然対数	48
重　解	23
周期，周期関数	60
収　束	84
循環小数	2
剰余の定理	6
除法の原理	6

す・せ・そ

数　列	76
積　分	116
積和公式	63
絶対値	27
漸近線	34
接　線	107
増加状態	113

た・ち・て・と

対数関数	47
たすきがけ	7
単振動の合成	64
値　域	30
定義域	30
定積分	116
底の変換公式	48

導関数	108
等差数列	77
等比数列	77

に

二倍角の公式	62

は・ひ・ふ・へ

ハサミウチの原理	105
発　散	84
微積分学の基本定理	119
微分係数	107
複素数	19
不定積分	116
部分分数	13
平方完成	33
平方根	13
変　数	30

む

無理関数	36

よ

余角の公式	61

わ

和積公式	63

著者略歴

小寺 平治(こでら へいぢ)

1940年 東京都出身．東京教育大学理学部数学科卒．同大学院博士課程を経て，愛知教育大学助教授・同教授を歴任．現在，愛知教育大学名誉教授．数学基礎論・数理哲学専攻．

主 著：「基礎数学ポプリー」「新統計入門」（以上，裳華房）；「明解演習 線形代数」「明解演習 微分積分」「明解演習 数理統計」「クイックマスター線形代数」「クイックマスター微分積分」「テキスト線形代数」「テキスト微分積分」「テキスト微分方程式」「テキスト複素解析」「これでわかった！微分積分演習」（以上，共立出版）；「なっとくする微分方程式」「ゼロから学ぶ統計解析」「超入門 線形代数」「超入門 微分積分」「はじめての統計15講」（以上，講談社）；「大学入試数学のルーツ」「初めて学ぶ線形代数」（以上，現代数学社）；「入門‐ファジィ数学」（遊星社）

リメディアル 大学の基礎数学

2009年10月15日 第1版1刷発行
2015年 1月30日 第1版6刷発行

検印省略

定価はカバーに表示してあります．

著作者	小寺 平治	
発行者	吉野 和浩	
発行所	東京都千代田区四番町8 1 電話 03-3262-9166〜9 株式会社 裳華房	
印刷所	株式会社 精興社	
製本所	牧製本印刷株式会社	

社団法人 自然科学書協会会員

JCOPY 〈(社)出版者著作権管理機構 委託出版物〉
本書の無断複写は著作権法上での例外を除き禁じられています．複写される場合は，そのつど事前に，(社)出版者著作権管理機構（電話03-3513-6969，FAX 03-3513-6979，e-mail: info@jcopy.or.jp）の許諾を得てください．

ISBN 978-4-7853-1553-5

© 小寺平治, 2009   Printed in Japan

理工系の数理	薩摩順吉・藤原毅夫・三村昌泰・四ツ谷晶二 編集		
線形代数	永井敏隆・永井　敦 共著	本体 2200 円＋税	
微分積分＋微分方程式	川野・薩摩・四ツ谷 共著	本体 2700 円＋税	
複素解析	谷口健二・時弘哲治 共著	本体 2200 円＋税	
フーリエ解析＋偏微分方程式	藤原毅夫・栄伸一郎 共著	本体 2500 円＋税	
数値計算	柳田・中木・三村 共著	本体 2700 円＋税	

基礎から学べる　線形代数　　　　船橋昭一・中馬悟朗 共著　本体 2200 円＋税

リメディアル　線形代数　　　　　　　桑村雅隆 著　本体 2400 円＋税
　－２次行列と図形からの導入－

入門講義　線形代数　　　　　　足立俊明・山岸正和 共著　本体 2500 円＋税

代数学１　　－基礎編－　　　　　　　　宮西正宜 著　本体 3400 円＋税

代数学２　　－発展編－　　　　　　　　宮西正宜 著　本体 4200 円＋税

微分積分入門　　　　　　　　　　　　桑村雅隆 著　本体 2400 円＋税

入門講義　微分積分　　　　　　吉村善一・岩下弘一 共著　本体 2500 円＋税

微分積分講義　　　　　　　　　　　　　南　和彦 著　本体 2600 円＋税

数学シリーズ　微分積分学　　　　　　　　難波　誠 著　本体 2800 円＋税

微分積分読本　－１変数－　　　　　　　小林昭七 著　本体 2300 円＋税

続　微分積分読本　－多変数－　　　　　小林昭七 著　本体 2300 円＋税

常微分方程式とラプラス変換　　　　　　齋藤誠慈 著　本体 2100 円＋税

微分方程式　　　　　　　　　　　　　　長瀬道弘 著　本体 2300 円＋税

基礎解析学コース　微分方程式　　矢野健太郎・石原　繁 共著　本体 1400 円＋税

新統計入門　　　　　　　　　　　　　　小寺平治 著　本体 1900 円＋税

データ科学の数理　統計学講義　稲垣・吉田・山根・地道 共著　本体 2100 円＋税

数学シリーズ　数理統計学（改訂版）　　　稲垣宣生 著　本体 3600 円＋税

曲線と曲面の微分幾何（改訂版）　　　　小林昭七 著　本体 2600 円＋税

裳華房ホームページ　http://www.shokabo.co.jp/　　　　2015 年 1 月現在